国家示范性中职院校建设项目教材丛书

机械装配工艺与生产实习

王廷康　　　主　编

刘汝祺　韩业勇　副主编

U0310860

中国铁道出版社

2016年·北京

图书在版编目(CIP)数据

机械装配工艺与生产实习/王廷康主编 . —北京：
中国铁道出版社,2016.7
(国家示范性中职院校建设项目教材丛书)
ISBN 978-7-113-17263-3

Ⅰ.①机… Ⅱ.①王… Ⅲ.①装配(机械)—中等专业
学校—教材 Ⅳ.①TH16

中国版本图书馆 CIP 数据核字(2013)第 195498 号

书　　名：国家示范性中职院校建设项目教材丛书
　　　　　机械装配工艺与生产实习
作　　者：王廷康　等

策　　划：江新锡　徐　艳
责任编辑：冯海燕　张卫晓　　　　　编辑部电话：010-51873065
封面设计：王镜夷
责任校对：孙　玫
责任印制：陆　宁　高春晓

出版发行：中国铁道出版社 (100054，北京市西城区右安门西街 8 号)
网　　址：http://www.tdpress.com
印　　刷：北京市昌平百善印刷厂
版　　次：2016 年 7 月第 1 版　2016 年 7 月第 1 次印刷
开　　本：787 mm×1 092 mm　1/16　印张：14.5　字数：351 千
书　　号：ISBN 978-7-113-17263-3
定　　价：45.00 元

前　言

　　本教材是我校"国家中等职业教育改革发展示范学校"项目中系列理论研究和实践成果之一。本着提高教育质量的原则，突出我校"产教"结合办学模式，将企业产品融入到教学之中，同时针对我校机械装配专业改革的需要，特组织企业、行业专家和骨干教师共同编写。

　　本书以钳工工艺与生产实训为主，让学生充分利用实习操作，完成钳工"中级工、高级工、技师国家标准"中提出的各相技能指标，突出工厂生产实际零件的加工特点，引导学生完成工厂零部件钳工工序的技能培训。本书中气动与液压、装配钳工、机修钳工的专业实训内容，为高级钳工、技师层次的学生，增加更多的实操方面的知识。力求做到知识和技能、理论与实践的完美组合，以利于增强中职院校学生的就业竞争力，以满足市场对机械装配专业技能型人才的需求。

　　在编写过程中，学校领导给予了大力的支持与帮助，并指明了方向。徐忠宝、刘成、曲刚、邵本强、历学锋参与有关资料的收集，同时由机械装配专家建设委员会成员参与了课程方案的开发和课程标准的制定，在此一并向他们表示感谢。

　　由于时间仓促、水平有限，书中的不足和疏漏之处在所难免，恳请广大同仁和读者不吝批评指正。

编者

2015 年 9 月

目 录

项目一 钳 工 入 门

任务1 预 备 知 识

一、钳工的任务及钳工工种的分类

钳工是装备制造业中非常重要不可缺少的一个工种,它的工作范围相当广泛,以手工操作为主,使用各种工具或设备,按技术要求对工件进行加工、修整、装配,灵活性强,涉及范围广,能完成机械加工不便或不能加工的工作,劳动强度大,生产效率低,个人技术要求高,例如装备高精度数控机床,钳工装配本身的操作技术水平直接影响机床的加工精度。

在国民经济建设中,钳工工种占有重要的地位,发挥着独特的作用,是设备加工不可替代的工种。由于工作范围越来越广,钳工又分三类,按我国《国家职业标准》将钳工划分为装配钳工、机修钳工和工具钳工。

1. 装配钳工

职业定义:操作机械设备、仪器、仪表,使用工装、工具,进行机械设备零件、组件或成品组合装配与调试的人员。

2. 机修钳工

职业定义:从事设备机械部分维修和修理的人员。

3. 工具钳工

职业定义:操作钳工工具、钻床设备,进行工模、量具修整加工、组合装配与调试的人员。

尽管钳工的专业分工不同,但都必须掌握好基本的操作技能,包括划线、錾削、锯削、锉削、钻孔、扩孔、锪孔、铰孔、攻螺纹和套螺纹、矫正和弯形、铆接、刮削、研磨、装配和调试、测量及简单的热处理等。

二、钳工常用工具及量具

1. 钳工常用的加工工具有以下8种:

1)划线工具:划线平台、千斤顶和垫铁、样冲、划针、划规、划针盘和量高尺、分度头等。

2)锉削工具:普通锉、异形锉、整形锉等。

3)錾削工具:扁錾、尖錾、油槽錾、锤子等。

4)锯割工具:锯弓、锯条等。

5)攻螺纹、铰孔工具:铰刀、铰杠、丝锥、板牙、板牙架等。

6)刮研工具:刮刀、刮削校准工具和研磨工具等。

7)拆装工具:螺丝刀、扳手、拉卸工具等。

2. 钳工常用的量具有:

1)金属直尺。

2)游标卡尺。

3)千分尺。

4)塞尺。

5)角尺。

6)水平仪。

7)万能角度尺。

三、钳工常用装置与设备

1. 钳工工作台

钳工工作台又叫钳台、钳桌,用来安装台虎钳、放置工具和工件等,多为木制或钢制。其高度一般为 $800\sim900$ mm,装上台虎钳后以钳口高度恰好与肘齐平为宜,即肘放在台虎钳最高点半握拳,拳刚好抵下颌,以确保操作者工作时的高度比较合适。其长度和宽度可随工作内容而定。

2. 台虎钳

台虎钳又称台钳,台虎钳是钳工最常用的夹持工件的通用夹具,有固定式和回转式两种,如图 1-1 所示。其规格用钳口的宽度来表示,常用的有 100 mm、125 mm 和 150 mm 等。台虎钳工作原理如图 1-1(b)所示:其活动钳身 1 与固定钳身 2 作滑动配合,活动钳身 1 上装有丝杠 8,固定钳身 2 上装有丝杠螺母 3,旋转手柄 7 可以带动丝杠 8 一同旋转,使活动钳身 1 相对于固定钳身 2 作轴向移动,夹紧或放松工件。在固定钳身 2 和活动钳身 1 上,用螺钉固定安装有经过热处理淬硬的钢制钳口,钳口的工作面上带有交叉网纹,使工件夹紧后不易滑动。固定式台虎钳其固定钳身直接安装在钳台上,而回转式台虎钳 1 其固定钳身 2 安装在 1 个转座 5 上,并能绕转座 5 的轴心转动,当转到所需位置时,扳动锁紧手柄 4 旋紧锁紧螺钉,使固定钳身 2 锁紧。转座 5 上有三个螺栓孔,用来与钳台固定。

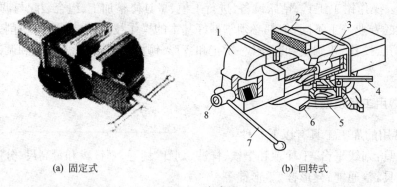

(a) 固定式　　　　　　　　　　(b) 回转式

图 1-1　台虎钳

1—活动钳身;2—固定钳身;3—丝杠螺母;4—锁紧手柄;5—转座;6—底座;7—手柄;8—丝杠

使用台虎钳时,顺时针转动手柄,可使丝杠在固定螺母中旋转,并带动活动钳身向内移动,将工件夹紧;相反,逆时针转动手柄可将工件松开。若要将回转式台虎钳转动一定角度,可逆时针方向转动锁紧螺钉,双手扳动钳台转动到需要的位置后,再将锁紧螺钉顺时针转动,将台虎钳锁紧在钳台上。

使用台虎钳时的注意事项:

1)在台虎钳上夹持工件时,只允许依靠手臂的力量来扳动手柄,决不允许用锤子敲击手柄或用其他工具随意加长手柄夹紧，以防止螺母或其他元件因过载而损坏。

2）在台虎钳上进行强力作业时，强作用力的方向应指向固定钳身一方，以免损坏丝杠螺母。

3）不能在活动钳身的工作面上进行敲击，以免损坏或降低固定钳身的配合性能。

4）丝杠、螺母和其他配合表面应保持清洁，并加油润滑，防止锈蚀，使操作省力。

3．砂轮机

砂轮机是用来刃磨各种刀具和工具（如錾子、钻头、刮刀、样冲、划针等）的常用设备。砂轮机由基座、砂轮、电动机（或其他动力源）、托架、防护罩和给水器等所组成，如图1-2所示。

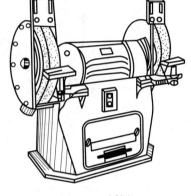

砂轮较脆，且转速很高，使用时应严格遵守以下安全操作规程：

1）砂轮的旋转方向要正确（与砂轮机罩壳上箭头所示一致），保证磨削时磨屑向下飞离砂轮。

2）砂轮机起动后，应在砂轮机旋转平稳后再进行磨削。若砂轮机跳动明显，应及时停机修整。

3）砂轮机托架和砂轮之间应保持3 mm的距离，以防工件扎入造成事故。

4）磨削时应站在砂轮机的侧面，且用力不宜过大。

图1-2　砂轮机

4．手电钻

手电钻是机修时常用的一种钻孔工具，如图1-3所示。当需要维修或安装的机器某个零件不易被拆卸下来时，可直接用手电钻在其安装位置打孔，例如销钉孔、顶丝孔、装配用螺纹孔等。手电钻按钻夹钻头最大规格有6 mm、10 mm、13 mm等，电源电压有220 V和36 V两种。手电钻使用前必须开机空转以检验传动部分是否正常。钻孔时不宜用力过猛，钻头必须锋利，且在钻削过程中必须保证钻头与钻孔表面垂直。

(a) 手提式　　　　　　　　　　　　(b) 手枪式

图1-3　手电钻

5．钻床

钻床主要用来加工外形较复杂、没有对称回转轴线的工件上的孔和孔系，如箱体、机架等零件上的各种孔。钳工常用的钻床有台式钻床、立式钻床和摇臂钻床三种。共同特点是：工件安装在工作台上固定不动，钻头或其他钻削工具安装在主轴上，主轴一方面旋转作主运动，一方面沿轴向移动作进给运动，如图1-4所示。

1)台式钻床是一种放在钳工台上使用的小型钻床,也是钳工最常用的一种钻床,如图1-5所示。台钻钻孔直径一般应小于 12 mm,适用于单件、小批量生产中加工小型工件上的孔。钻孔时,一般钻头位置被锁紧,通过调整工件的位置来对准孔,转动钻床的进给手柄使钻头向下进给完成钻孔。

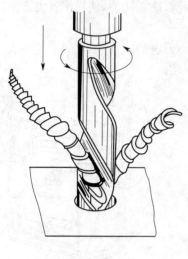

图1-4　钻孔

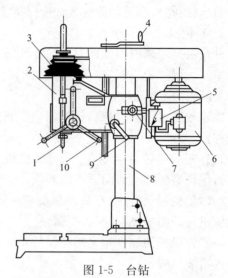

图1-5　台钻

1—主轴;2—头架;3—塔轮;4—旋转手柄;5—电开关;
6—电机;7,9—松开手柄;8—立柱;10—进给手柄

2) 立式钻床的结构如图1-6所示。其进给箱和工作台都能沿着导轨升降,以适应在不同高度的工件上钻孔,加工时主轴既作旋转运动,又作轴向进给运动。在立式钻床上是通过移动工件的位置来使主轴轴线对准被加工孔的中心,调整很不方便,生产率不高,因此常用于单件、小批量生产中加工中、小型工件,加工孔径一般大于 13 mm。

3)摇臂钻床摇臂钻床的结构与外形如图1-7所示。其摇臂既能沿着立柱升降,又能绕立

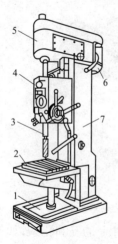

图1-6　立式钻床

1—底坐;2—工作台;3—主轴;4—进给箱;
5—主轴箱;6—电动机;7—立柱

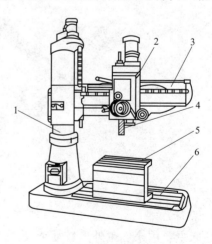

图1-7　摇臂钻床

1—立柱;2—主轴箱;3—摇臂;4—主轴;
5—工作台;6—底座

柱作 360°旋转,主轴箱安装在摇臂上,并能够沿着摇臂水平移动。这样的结构可以保证主轴能够快速、方便的对准被加工孔的位置而不需要移动工件,立柱、摇臂和主轴箱上都有锁紧机构,可使调整好的主轴位置保持固定不变。主轴的旋转和轴向进给是由电动机经主轴箱传动来实现的。被加工工件安装在工作台上,如工件较大,还可以卸掉工作台,直接安装在底座上,或直接放在周围的地面上。摇臂钻床适用于单件、小批量生产中在大、中型工件上进行孔或孔系的加工。

四、钳工安全操作规程

1. 工作前

1)生产实习时,工具、量具和工件要摆放整齐并便于取放,操作中使用的常用工具放在工作台的右侧;不常用工具放在工作台的左侧;量具放在的工作台右前方;不允许将工件、工量具混放,有规律的摆放,能提高加工效率。

2)应该把个人防护用品穿戴整齐(工作服、套袖及女工工作帽),不准赤背操作,防止崩伤。

3)检查工具、机器(钻床、砂轮机)和电器设备(电动工具),发现问题及时报告,必要时请领导协助解决。

4)使用手电钻和手持砂轮机时应穿绝缘鞋,防止因手电钻和手持砂轮机表面带电而触电;戴好防护眼镜,防止铁屑蹦到眼睛;砂轮机正面不准站人。

2. 工作中

1)使用钻床时不准戴手套,工件钻孔时,要用夹具夹牢,不准手持工件进行钻孔,尤其薄铁板的钻孔加工,必需用压板压住钻孔。

2)使用砂轮,要戴好防护眼镜,要站在砂轮侧面,防止砂轮破裂伤人。

3)使用手持电动工具时,为避免触电危险,都应由维修电工接线试验认可后才能使用,如缺少相应的辅助绝缘,则应采取其他防触电措施,如穿戴好绝缘鞋和手套。

4)使用起重机械及钢丝绳等吊具时,应严格遵守"起重作业安全操作规程"的有关规定。

5)台虎钳应牢固的固定在钳工台上;夹持较长工件时,没有夹持的一端必须使用支架支牢。

6)使用手锤时不准戴手套操作,打锤时应先检查周围再落锤。

7)使用锉刀必须有木柄,没有木柄的锉刀不准用,锉刀不允许作锤子或撬棍使用,锉刀上夹有铁屑不可用嘴吹或用手擦,必须用刷子清除。

8)锤子的木柄应坚实无裂纹,钢质锤子淬火不能太硬(30~50 HRC);锤子卷边、起毛刺时,应磨掉后再使用。木柄锤子应装牢固,锤头松动必须加固,方能使用。

9)工件一定要夹卡牢固,但台虎钳不准过力使用。

10)錾子尾端不能太硬(錾子不能用整体淬火材料制作),錾子尾端出现飞边或毛刺时,应修磨后使用。

11)使用錾子錾削工件时,禁止对面站人;如对面有人操作,应在前方安装屏障或挡板。

12)使用刮刀时,不可用力过猛,姿势应得当,防止失去重心后碰伤;使用三角刮刀时,不可用手拿工件直接刮削。

13)不得将螺钉预紧力很大的工件拿在手上用螺丝刀拧螺钉,以防打滑,戳伤手指。

14)使用手锯锯削工件时,必须把工件夹紧,锯条安装应松紧适中,当工件快锯断时,不可用力过大,并防止没有被加持端的工件掉下砸伤操作者的足部。

15)所使用扳手的开口应和螺母尺寸大小相符,一般不允许使用加长扳手。使用扳手时,必须注意可能碰到的障碍物,防止碰伤操作者的手部。

16)零件、部件和原料不准堆积过高,防止碰倒伤人。

3. 工作后

1)必须将虎钳及工作地周围清扫干净。

2)把用过的工具和量具擦干净,放入规定场地,并摆放整齐。

3)关闭设备的电源开关。

任务 2　砂轮机、台式钻床的操作

一、砂轮机的操作

1. 如图 1-8 所示。

1)砂轮机的启动:只要按下启动按钮即可。

2)初次启动要注意砂轮旋转的方向:可观察砂轮与刀具磨削的火花是向下的。

3)磨刀支撑板:用来支撑刀具。

4)砂轮机边上摆放的小桶:可盛水用来冷却刀具。

2. 操作步骤:

1)开启按钮砂轮转动起来。

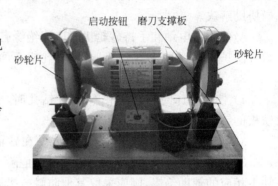

图 1-8　砂轮机

2)手握刀具使用砂轮外圆面或砂轮端面,让刀具与砂轮轻轻接触,开始磨削,力度大小可自己手感掌握,适中即可。

3)磨削中可用支撑板托住刀具。

4)观察磨削的火花可判断刀具的材质。

二、台式钻床的操作

1. 如图 1-9 所示。

1)钻床的启动:只要按下启动按钮中的正转按钮即可。

2)变速皮带轮箱:是一个手动变速箱,通过皮带在皮带塔轮上的位置来变换主轴的转速。

3)钻头进给操作手柄:转动此手柄,钻头就可以下行,加工孔或铰孔。

4)台虎钳:用来夹持工件。

5)钻夹头:用来夹持钻头。

2. 操作步骤:

1)把加工的工件夹持在台虎钳上。

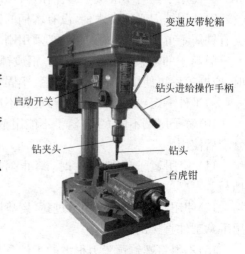

图 1-9　台式钻床

2)把合适的钻头夹持在钻夹头上。

3)先不急于开动机床,观察钻头到工件距离是否合适,若距离太小可以使主轴箱向上移动,具体可在主轴箱的侧面找到一个升降手柄和一个锁紧手柄,当松开锁紧手柄,就可以摇动升降手柄,调整主轴箱距工作台的距离。

4)搬动进给操作手柄观察钻头能到达的最大位置,不合适可继续调整。

5)如果是透孔,在工件下垫上木方,防止钻头钻到台虎钳。

6)上述准备工作完成后,可以按动主轴正转按钮,钻孔了。

1. 什么叫钳工? 钳工基本操作有哪些?

2. 钳工是如何分类的?

3. 钳工工作的特点及主要设备有哪些?

4. 台虎钳的结构特点有哪些? 如何使用和维护台虎钳?

5. 钳工安全操作规程有哪些要求?

项目二　测　　量

钳工常用的测量方法主要有直接测量法和间接测量法两种。直接测量法是直接用测量器具测量出零件被测几何量值的方法称为直接测量法。间接测量法是通过测量与被测尺寸存在一定函数关系的其他尺寸，然后通过计算获得被测尺寸量值的方法称为间接测量法。

在测量过程中，不管使用哪种测量方法，都会不可避免地出现测量误差，测量误差大，说明测量精度低；反之，测量误差小，则说明测量精度高。

要减小测量误差提高测量精度，就需要我们掌握各类量具的使用方法，提高测量技能。

任务 1　用游标卡尺测量工件

游标卡尺是一种中等精度的量具，可以直接测量出工件的外径、孔径、长度、宽度、深度和孔距等尺寸。

1. 游标卡尺的结构

三用游标卡尺如图 2-1 所示，三用游标卡尺由外量爪、内量爪、尺身、固定螺钉、游标、测深杆组成。旋松固定游标用螺钉即可移动游标，调节内外量爪距离即可进行测量。

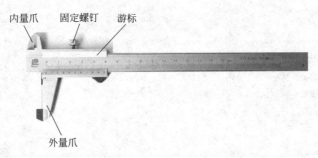

内量爪　固定螺钉　游标

外量爪

图 2-1　三用游标卡尺

双面游标卡尺如图 2-2 所示。双面游标卡尺与三用游标卡尺相比，在其游标上增加了微调装置，松开螺钉 1 和螺钉 2 即可推动游标在尺身上移动。需要微动调节时，可将螺钉 2 紧固，松开螺钉 1，用手指转动微动螺母，通过小螺杆使游标微动，量得尺寸后，可拧紧螺钉 1 使游标紧固。

游标卡尺可以直接测量出工件的外径、内径、长度、宽度和孔距、孔深等尺寸。常用的几种游标卡尺，它的测量范围包括：0～125 mm、0～200 mm、0～300 mm、0～500 mm、300～800 mm、400～1 000 mm、600～1 500 mm、800～2 000 mm 等。游标卡尺属于中等精度（IT10～IT16）测量工具，不能用于测量毛坯和精度要求很高的工件。最常用的精度有 1/50 mm（0.02），还有 1/20 mm（0.05）两种。

图 2-2 双面游标卡尺

下面介绍游标卡尺 1/50 mm（0.02 mm）的刻线原理和读数方法。

2. 游标卡尺的刻线原理

游标卡尺尺身上每小格为 1 mm，游标上共有 50 格。当两量爪合并时，游标上的 50 格刚好与尺身上的 49 mm 对正（图 2-3），所以，游标上每格长度为 49/50＝0.98 mm，尺身与游标每格之差为：1－0.098＝0.02 mm，此差值 0.02 即为 1/50 mm 游标卡尺的测量精度。

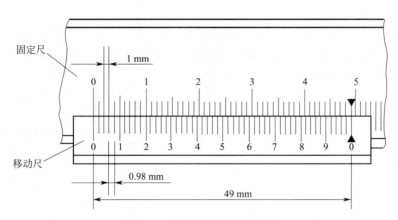

图 2-3 游标卡尺的刻线原理

3. 游标卡尺的测量要点

（1）测量前，应先检查游标卡尺的零位精度，即游标卡尺的固定尺零刻线应与移动尺上的零刻线对齐。

（2）测量时，游标卡尺的测量量爪必须与零件上的被测表面完全接触，避免量爪倾斜，以免增加测量误差。

（3）读数时，游标卡尺刻线应尽量与视线平齐，以保证读数的准确性。读数方法分三步骤（图 2-4）：

第一步，先读出游标卡尺上固定尺零线左面尺身上的毫米整数。图 2-4 中主尺上毫米整数为 60 mm。

第二步，读出移动尺上哪一条刻度线与固定尺身上某刻度线对齐。图 2-4 中移动尺上自零位线向右第 24 格刻度线与主尺尺身刻度线相对齐（图中画"▲"的位置）。

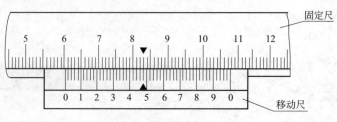

图 2-4　游标卡尺的读数示例

第三步,固定尺身上的尺寸:60 mm,移动尺的尺寸:24(格)×0.02 mm,测得尺寸:60+24×0.02=60.48 mm。

 1. 根据被测工件的尺寸(图 2-13),选用一把 0.02 mm(0～125 mm)的三用游标卡尺。

2. 测量前,应检查校对零位的准确性(图 2-5)。擦净游标卡尺量爪两测量面,并将两测量面接触贴合,如无透光现象(或有极微小的均匀透光)且其尺身与游标的零线正好对齐,说明游标卡尺零位准确。否则,说明游标卡尺的两测量面已有磨损,测量的示值就不准确,必须对读数加以相应的修正。

3. 测量工件的外径,按图 2-13(φ40 mm、φ50 mm)、长度(90 mm)、宽度(70 mm、10 mm)和整个阀盖的长度(50 mm)。

(1)测量时,应将两量爪张开到略大于被测尺寸,将固定量爪的测量面贴靠着工件,然后轻轻用力移动游标,使活动量爪的测量面也紧靠工件,并使卡尺测量面的边线垂直于被测表面,(图 2-6～图 2-8),然后把制动螺钉拧紧。

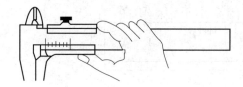

图 2-5　三用游标卡尺的校验

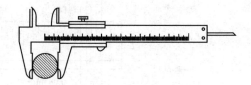

图 2-6　用三用游标卡尺测外圆的方法

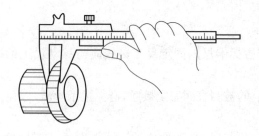

图 2-7　用三用游标卡尺测长度的方法

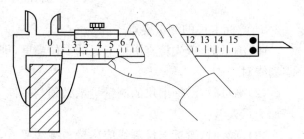

图 2-8　用三用游标卡尺测外尺寸的方法

(2)读数时应把游标卡尺水平拿起,对着光线明亮的地方,视线垂直于刻线表面,避免由斜视角造成的读数误差。

(3)读出游标卡尺的读数,做好记录。

4. 测量工件的内径(φ20 mm、φ35 mm)。

（1）测量时，应将两量爪张开到略小于被测尺寸，将固定量爪的测量面贴靠着工件，然后轻轻用力移动游标，使活动量爪的测量面也紧靠工件，并使游标卡尺测量面的边线垂直于被测表面（图2-9），然后把制动螺钉拧紧。

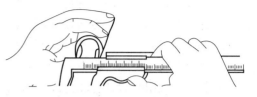

图2-9 用三用游标卡尺测孔径的方法

（2）读数时，水平拿尺，面冲光亮，视线垂直。

（3）读出游标卡尺的读数，做好记录。

5. 测量工件的内孔深度（8 mm）

（1）测量时，应将测深杆伸长到略大于被测尺寸，将尺身的测量面贴靠着工件，然后轻轻用力移动游标，使测深杆的测量面也紧靠工件，并使游标卡尺测量面的边线紧贴于被测表面（图2-10），然后把制动螺钉拧紧。

（2）移开游标卡尺，读数时方法同前。

（3）读出游标卡尺的读数，做好记录。

6. 测孔距（50 mm、70 mm）。

用游标卡尺测量两孔中心距为间接测量法，其方法有两种：

一种是先用游标卡尺分别量出两孔的内径 D_1 和 D_2，再量出两孔内表面之间的最大距离 A，如图2-11所示，则两孔的中心距为：

$$L=A-\frac{1}{2}(D_1+D_2)$$

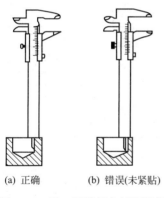

(a) 正确   (b) 错误(未紧贴)

图2-10 用三用游标卡尺测孔深

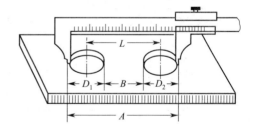

图2-11 测量两孔的中心距

另一种测量方法，也是先分别量出两孔的内径 D_1 和 D_2，然后用刀口形量爪量出两孔内表面之间最小距离 B，则两孔 L 的中心距为：

$$L=B+\frac{1}{2}(D_1+D_2)$$

7. 注意事项（图2-12）

（1）用游标卡尺测量前应先检查并校对零位。

（2）测量时，移动游标并使量爪与工件被测表面保持良好接触，在测量孔经时，如图2-12所示，尺的两个量爪要放在正确的位置上，这样才能正确读数。并在取得尺寸后最好把螺钉旋紧后再读数,以防尺寸变动,使得读数不准。

(3)游标卡尺测量力要适当,测量力太大会造成尺框倾斜,产生测量误差;测量力太小,游标卡尺与工件接触不良,使测量尺寸不准确。

(4)游标卡尺在使用过程中,不要和工具、刀具放在一起,以免碰坏。

(5)游标卡尺用完后,应及时擦净、涂油,放在专用盒中,保存在干燥处,以免生锈。

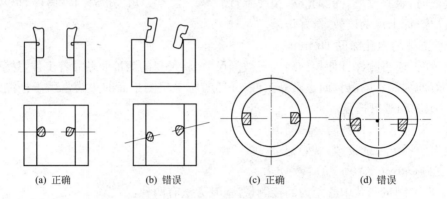

(a) 正确　　　　(b) 错误　　　　(c) 正确　　　　(d) 错误

图 2-12　游标卡尺测宽度和孔径时要注意的方法

8. 测量评分标准

如图 2-13 所示零件的测量评分标准见表 2-1。

表 2-1　测量评分标准

序号	项目与技术要求	配分	评分标准	测试结果	得分
1	测量前先检查并校对零件	10	不正确扣 10 分		
2	正确使用游标卡尺	10	总体评定		
3	外圆尺寸　ϕ40 mm	6	尺寸读数不正确全扣		
4	外圆尺寸　ϕ50 mm	5	尺寸读数不正确全扣		
5	长度尺寸　50 mm	5	尺寸读数不正确全扣		
6	宽度尺寸　10 mm	5	尺寸读数不正确全扣		
7	长度尺寸　90 mm	5	尺寸读数不正确全扣		
8	宽度尺寸　70 mm	5	尺寸读数不正确全扣		
9	内径尺寸　ϕ20 mm	5	尺寸读数不正确全扣		
10	内径尺寸　ϕ35 mm	5	尺寸读数不正确全扣		
11	内径深度尺寸　8 mm	8	尺寸读数不正确全扣		
12	深度尺寸　15 mm	5	尺寸读数不正确全扣		
13	孔距　50 mm	8	尺寸读数不正确全扣		
14	孔距　70 mm	8	尺寸读数不正确全扣		
15	安全文明操作	10			

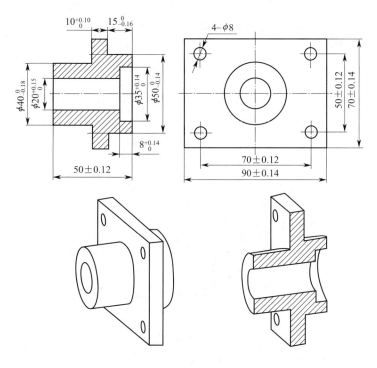

图 2-13 阀盖

深度游标卡尺：测量深度如图 2-14 所示。

高度游标卡尺：测量高度如图 2-15 所示。

齿轮游标卡尺：测量齿轮公法线厚度如图 2-16 所示。

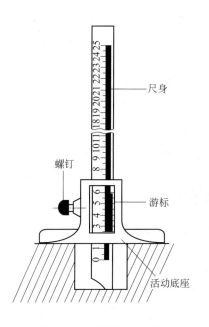

图 2- 14 深度游标卡尺

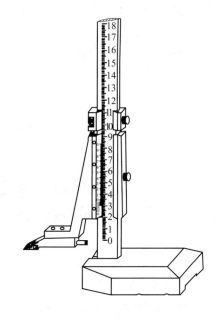

图 2-15 高度游标卡尺

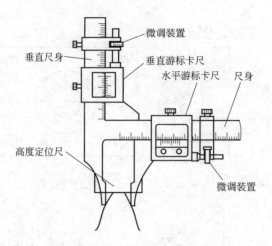

图 2-16　齿轮游标卡尺

任务 2　用千分尺测量工件

当图样给出的尺寸公差在 0.01～0.09 mm,精度达到 IT7～IT9,即要读出小数点后两位时,用游标卡尺是不能精确测出,可以选用千分尺进行测量。

千分尺是一种精密量具,它的测量精度比游标卡尺高,而且比较灵敏。因此,对于加工精度要求较高的工件尺寸,要用千分尺来测量。

预备知识

1. 外径千分尺的结构

千分尺的结构如图 2-17 所示,由尺架、砧座、测微螺杆、固定套筒、微分筒、棘轮等组成。旋转棘轮时,就带动测微螺杆和微分筒一起旋转,并沿轴向移动,即可测量尺寸。转动锁紧手柄,通过偏心锁紧可使测微螺杆固定不动,这样可以防止尺寸变动。松开棘轮,可使测微螺杆与微分筒分离,以便调整零刻线位置。

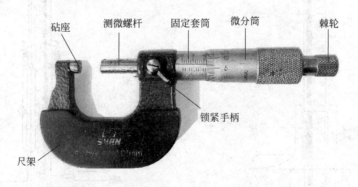

图 2-17　外径千分尺

2. 外径千分尺的刻线原理

测微螺杆右端螺纹的螺距为 0.5 mm,当微分筒转一周时,螺杆就移动 0.5 mm。固定套筒 L 刻有尺身刻线,每格为 0.5 mm,微分筒圆锥面上共刻有 50 格,因此微分筒每转一格,螺杆就移动 0.5/50＝0.01 mm。

3. 千分尺的读数方法

在千分尺上读数的方法可分为三步：

(1)读出微分筒边缘在固定套筒尺身上的毫米数和半毫米数(每格为 0.5 mm)。

(2)看微分筒哪一格与固定套筒上基准线对齐,并读出不足半毫米的数(每格代表 0.01 mm)。

(3)把两个读数加起来就是测得的实际尺寸。

例如:如图 2-18(a)所示,在固定套筒上读出的尺寸为 8 mm,微分筒上读出的尺寸为 27(格)×0.01 mm＝0.27 mm,上两数相加即得被测零件的尺寸为 8.27 mm。又如图 2-8(b)所示,在固定套筒上读出的尺寸为 8.5 mm,在微分筒上读出的尺寸为 27(格)×0.01 mm＝0.27 mm,上两数相加即得被测零件的尺寸为 8.77 mm。

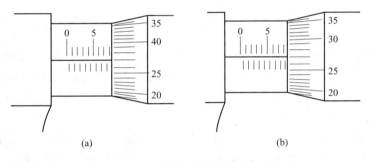

图 2-18 千分尺的读数方法

1. 准备工作

(1)材料:轴(尺寸如图 2-20 所示),45 钢。

(2)外径千分尺 0～25 mm、25～50 mm、50～75 mm 的各 1 把。

2. 操作步骤

(1)测量前,应先将砧座和测微螺杆的测量面擦干净,并校准千分尺零位。校准好的千分尺,当测微螺杆与砧座接触后,可动刻度上的零线与固定刻度上的水平横线应该是对齐的,如图 2-19(a)所示。如果没有对齐,测量时就会产生系统误差,称零误差。如无法消除零误差,则应考虑它们对读数的影响。若可动刻度的零线在水平横线上方,且第 x 条刻度线与横线对齐,说明测量时的读数要比真实值小 $x/100$ mm,这种零误差叫做负零误差,如图 2-19(b)所示,它的零误差为－0.03 mm;若可动刻度的零线在水平横线的下方,且第 y 条刻度线与横线对齐,则说明测量时的读数要比真实值大 $y/100$ mm,这种零误差叫正零误差,如图 2-19(c)所示,它的零误差为＋0.05 mm。

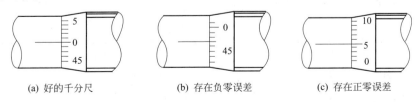

图 2-19 千分尺的校验

对于存在零误差的千分尺,测量结果应等于读数减去零误差,即物体长度=固定刻度读数+可动刻度读数-零误差。

(2)测量图 2-20 工件两平行面之间的尺寸:(20±0.01)mm、(42±0.03)mm 和(60±0.04)mm。

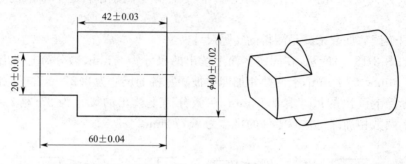

图 2-20　轴

测量时,将被测物体擦干净,松开千分尺的锁紧手柄,转动微分筒,使砧座与测微螺杆之间的距离略大于被测物体。一只手拿千分尺的尺架,将待测物置于砧座与测微螺杆的端面之间,另一只手转动微分筒,当螺杆要接近物体时,改旋棘轮直至听到"咔咔"声。旋紧锁紧手柄(防止移动千分尺时螺杆转动),即可读数,做好记录。

测量工件的外圆直径(40±0.02)mm。千分尺测量轴的中心线要与工作被测长度方向相一致,不要歪斜(图 2-21)。在测量被加工的工件时,工件要在静态下测量,不要在工件转动或加工时测量(图 2-22),否则易使测量面磨损,测杆扭弯,甚至折断。测量完毕,读数后做好记录。

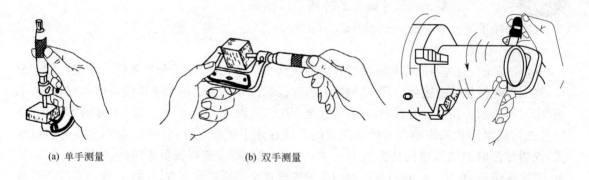

(a) 单手测量　　　　　　　　(b) 双手测量

图 2-21　千分尺的使用方法　　　　　　图 2-22　千分尺的错误使用

(3)图 2-20 轴的检测评分标准见表 2-2。

表 2-2　检测评分标准

序号	项目与技术要求	配分	评分标准	测试结果	得分
1	测量前先检查并校对零件	20	不正确扣 10 分		
2	正确使用千分尺	20	总体评定		
3	尺寸 20 mm	10	尺寸读数不正确全扣		

续上表

序号	项目与技术要求	配分	评分标准	测试结果	得分
4	尺寸 42 mm	10	尺寸读数不正确全扣		
5	尺寸 60 mm	10	尺寸读数不正确全扣		
6	直径尺寸 $\phi40$ mm	20	尺寸读数不正确全扣		
7	安全文明操作	10			

1. 深度千分尺如图 2-23 所示。
2. 公法线千分尺如图 2-24 所示。
3. 螺纹千分尺图如图 2-25 所示。

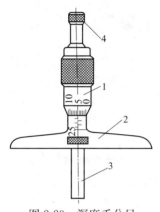

图 2-23 深度千分尺

1—微分筒;2—尺座;3—测杆;4—测力装置

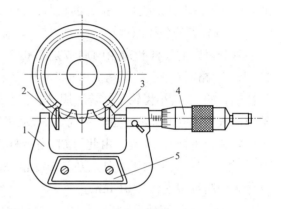

图 2-24 公法线千分尺

1—尺架;2、3—测头;4—微分筒;5—隔热板

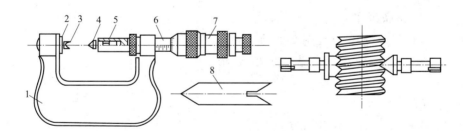

图 2-25 螺纹千分尺

1—尺架;2—架砧;3—V 形测量头;4—圆锥形测量头;5—主量杆;6—内套筒;7—外套筒;8—校对样板

任务 3 用百分表测量工件

在被测件回转过程中,需要测量工件的圆度、圆柱度和圆跳动,通过指示器的读数来判定其形位误差值是否在图纸的形位公差范围内,可以选用百分表或千分表进行测量。

1. 百分表的结构

百分表是一种精度较高的比较量具,可用来精确测量零件圆度、圆跳动、平面度、平行度和直线度等形位误差,也可用来找正工件、检验机床精度和测量工件的尺寸。

百分表的结构如图 2-26 所示。图中 1 是淬硬的触头，用螺纹旋入齿杆 2 的下端。齿杆的上端有齿。当齿杆上升时，带动齿数为 16 的小齿轮 3，在小齿轮 3 的同轴上装有齿数为 100 的大齿轮 4，再由这个齿轮带动中间的齿数为 10 的小齿轮 5。在小齿轮 5 的同轴上装有长指针 6，因此，长指针就随着一起转动。在小齿轮 5 的另一边装有大齿轮 7，在其轴下端装有游丝，用来消除齿轮间的间隙，以保证其精度。该轴的上端有短指针 8，用来记录长指针的转数（长指针转一周时短指针转一格）。拉簧 11 的作用是使齿杆 2 能回到原位。在表盘 9 上刻有刻线，共分 100 格。转动表圈 10，可调整表盘刻线与长指针的相对位置。

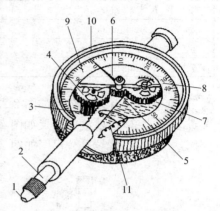

图 2-26　百分表的结构

1—淬硬的触头；2—齿杆；3、5—小齿轮；

4、7—大齿轮；6—长指针；8—短指针；

9—表盘；10—表圈；11—拉簧

2. 百分表的刻线原理

百分表内的齿杆和齿轮的周节是 0.625 mm。当齿杆上升 16 格时（即上升距离为 0.625×16＝10 mm），与齿杆啮合的 16 齿小齿轮正好转一周，同时与该小齿轮同轴的齿数为 100 的大齿轮也转一周，就带动齿数为 10 的小齿轮和长指针转 10 周。由此可知，当齿杆上升 1 mm 时，长指针转一周。由于表盘上共刻 100 格，所以长指针每转一格表示齿杆移动0.01 mm，故百分表的测量精度为 0.01 mm。

3. 百分表的读数方法

先读小指针转过的刻度线（即毫米整数），再读大指针转过的刻度线（即小数部分），并乘以 0.01，然后两者相加，即得到所测量的数值。

1. 准备工作

（1）材料：准备好如图 2-27 所示的轴类零件。

（2）工、量、辅具：外径百分表、表架、V 形架等。

2. 操作步骤

（1）根据被测工件，选用外径百分表 1 把。

（2）测量前，应检查测量杆活动的灵活性，即轻轻推动测量杆时，测量杆在套筒内的移动要灵活，没有任何轧卡现象，且每次放松后，指针能回复到原来的刻度位置。

使用百分表时，必须把它固定在可靠的夹持架上（如固定在万能表架或磁性表座上，如图 2-28所示），夹持架要安放平稳，以免使测量结果不准确或摔坏百分表。

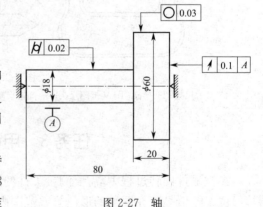

图 2-27　轴

用夹持百分表的套筒来固定百分表时，夹紧力不要过大，以免因套筒变形而使测量杆活动不灵活。

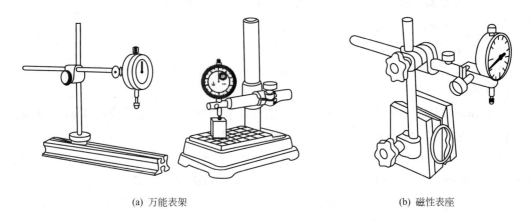

　　　　　(a) 万能表架　　　　　　　　　　　　　　(b) 磁性表座

图 2-28　安装在专用夹持架上的百分表

　　(3)测量时,应使测量杆垂直于零件被测表面,测量杆的中心线要通过被测圆柱面的轴线。测量头开始与被测表面接触时,测量杆就应压缩 0.03～1 mm,保持一定的初始测量力,以免有负偏差时得不到测量数据。

　　(4)测量圆度、圆柱度及圆跳动误差。检查圆度、圆柱度时,将被测零件放置在如图 2-29 所示的 V 形架或专用检验架上,百分表的触头顶在工件的上母线上。工件旋转一周,百分表的最大读数与最小读数的差值即为该圆柱体零件任一正截面的圆度误差。圆柱度与圆度误差的测量方法相同,只是需测量若干个截面,百分表在整个测量中最大读数与最小读数的差值即为圆柱度误差。端面圆跳动的检测如图 2-29 所示,将百分表的触头顶在工件的右端面上,零件旋转一周时,百分表最大与最小读数之差,即为端面圆跳动误差。

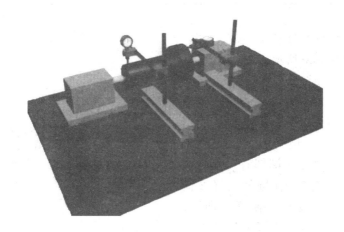

图 2-29　轴类零件圆度、圆柱度及圆跳动的检测

　　(5)注意事项:

　　1) 按压测量杆的次数不要过多,距离不要过大,尤其应避免急剧地向极端位置按压测量杆,这将造成冲击,会损坏机构及加剧零件磨损。

　　2) 测量时,测量杆的行程不要超出它的测量范围,以免损坏表内零件。

3）百分表要避免受到剧烈振动和碰撞,不要敲打表的任何部位。调整或测量时,不要使测量头突然撞落在被测件上。

4）不要拿测量杆,测量杆上也不能压放其他东西,以免测量杆弯曲变形。

5）百分表表座要放平稳,以免百分表落地摔坏。使用磁性表座时,一定要注意检查表座的按钮位置。

6）严防水、油和灰尘等进入表内。不准把百分表浸在冷却液或其他液体中;不要把百分表放在磨屑或灰尘飞扬的地方;不要随便拆卸表的后盖。

7）如果不是长期保存,测量杆不允许涂凡士林或其他油类,否则会使测量杆和轴套黏结,造成测量杆运动不灵活。而且,沾有灰尘的油污容易带进表内,影响表的精度。

8）百分表用完后,要擦净放回盒内,要让测量杆处于放松状态,避免表内弹簧失效。

（6）图 2-27 检测的评分标准

图 2-27 轴的检测评分标准见表 2-3。

表 2-3 检测评分标准

序号	项目与技术要求	配分	评分标准	测试结果	得分
1	测量前先检查百分表的灵活性	20	不正确扣 10 分		
2	正确使用百分表	20	总体评定		
3	圆度 0.03 mm	15	尺寸读数不正确全扣		
4	圆柱度 0.02 mm	20	尺寸读数不正确全扣		
5	圆跳动 0.1 mm	15	尺寸读数不正确全扣		
6	安全文明操作	10	酌情扣分		

1. 杠杆百分表

如图 2-30 所示。

2. 内径百分表

（1）内径百分表的结构

内径百分表可用来测量孔径和孔的形状误差,对于测量深孔极为方便。其结构如图 2-31 所示。在测量头端部有可换触头 1 和量杆 2。测量内孔时,孔壁使量杆 2 向左移动而推动摆块 3,摆块 3 使杆 4 向上,推动百分表触头 6,使百分表指针转动而指出读数。测量完毕时,在弹簧 5 的作用下,量杆回到原位。

图 2-30 杠杆百分表

通过更换可换触头 1,可改变内径百分表的测量范围。内径百分表的测量范围有 6~10 mm、10~18 mm、18~35 mm、35~50 mm、50~100 mm、100~160 mm 和 160~250 mm 等。

内径百分表的示值误差较大,一般为 ±0.015 mm。因此,在每次测量前都必须用千分尺校对尺寸,如图 2-32 所示。

　　内径百分表的指针摆动读数:刻度盘上每一格为0.01 mm,盘上刻有 100 格,即指针每转一圈为1 mm。

　　(2)内径百分表的使用方法

　　内径百分表用来测量圆柱孔,它附有成套的可调测量头,使用前必须先进行组合和校对零位。组合时,将百分表装入连杆内,使小指针指在 0～1 的位置上,长针和连杆轴线重合,刻度盘上的字应垂直向下,以便于测量时观察,装好后应予紧固。

　　测量前应根据被测孔径大小用外径千分尺调整好尺寸后才能使用,如图 2-32 所示。在调整尺寸时,正确选用可换触头的长度及其伸出距离,应使被测尺寸在活动触头总移动量的中间位置。

　　测量时,连杆中心线应与工件中心线平行,不得歪斜,同时应在圆周上多测几个点,找出孔径的实际尺寸,看是否在公差范围以内,如图 2-33所示。

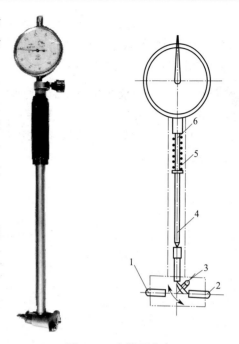

图 2-31　内径百分表

1—可换触头;2—量杆;3—摆块;4—连杆;
5—弹簧;6—百分表触头

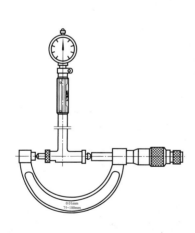

图 2-32　用外径千分尺调整尺寸

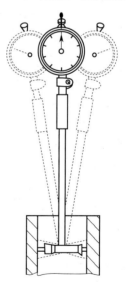

图 2-33　内径百分表的使用方法

任务4　用量角器测量工件

　　在加工过程中需对所有标注的角度进行测量。要测量样板的所有角度,而且角度有锐角、钝角和直角,常选用量角器进行测量。

量角器又称万能游标量角器,是用来测量工件内外角度的量具。按游标的测量精度分为 2′和5′两种,其示值误差分别为±2′和±5′,测量范围是0°~320°。本任务介绍测量精度为2′ 的量角器的结构、刻线原理和读数方法。

**预备
知识**

1. 万能游标量角器的结构

如图2-34所示,万能游标量角器由有角度刻线的尺身1和固定在扇形板2上的 游标3组成。扇形板2上,直尺6用支架固定在90°角尺5上,如果拆下90°角尺5,也可将直尺 6固定在扇形板上。

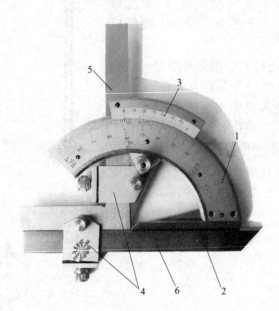

图 2-34　万能游标量角器
1—尺身;2—扇形板;3—游标 4—支架;5—90°角尺;6—直尺

2. 万能游标量角器的刻线原理及读数方法

尺身刻线每格1°,游标刻线是将尺身上29°所占的弧长等分为30格,每格所对的角度为 $\dfrac{29°}{30}$,因此游标1格与尺寸1格相差:

$$1° - \frac{29°}{30} = \frac{1°}{30} = 2'$$

即量角器的测量精度为2′。

量角器的读数方法和游标卡尺相似,先从尺身上读出游标零线前的整度数,再从游标上 读出角度"′"的数值,两者相加就是被测物体的角度数值。

量角器的尺身上,基本角度的刻线只有0°~90°,如果测量的零件角度大于90°,则在读 数时,应加上一个基数(90°、180°、270°)。当零件角度为90°~180°时,被测角度=90°+ 量角器读数;当零件角度为180°~270°时,被测角度=180°+量角器读数;当零件角度为 270°~320°时,被测角度=270°+量角器读数。

3. 万能游标量角器的测量范围

由于90°角尺和直尺可以移动和拆换,万能游标量角器可以测量0°~320°的任何角度,如图 2-35 所示。

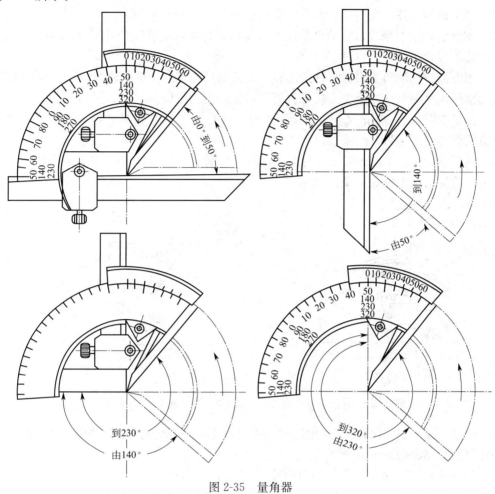

图 2-35 量角器

1. 准备工作

准备好如图 2-36 所示的检测零件。

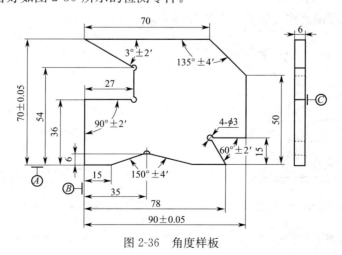

图 2-36 角度样板

2. 操作步骤

（1）根据被测工件，选用 2′量角器 1 把。

（2）测量前，用干净纱布将量角器擦干，再检查各部件的相互作用是否移动平稳可靠、制动后的读数是否不动，然后对"0"位。

（3）用万能游标量角器测量零件角度时，应使基尺与零件角度的母线方向一致，且零件应与量角器的两个测量面的全长上接触良好，以免产生测量误差。

（4）测量 30°±2′。90°角尺和直尺全装上时，可测量 0°～50°的外角度，如图 2-37 所示。按图示方法将测得结果做好记录。

（5）测量 90°±2′、135°±4′。仅装上直尺时，可测量 50°～140°的角度，如图 2-38 所示。按图示方法将测得结果做好记录。

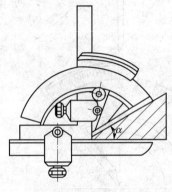

图 2-37　测量 0°～50°

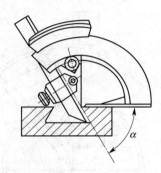

图 2-38　测量 50°～140°

（6）测量 150°±4′。仅装上 90°角尺时，可测量 140°～230°的角度，如图 2-39 所示。按图示方法将测得结果做好记录。

（7）测量 60°±2′。把 90°角尺和直尺全拆下时，可测量 230°～320°的角度（即可测量 40°～130°的内角度），如图 2-40 所示。按图示方法将测得结果做好记录。

（8）测量完毕后，用干净纱布仔细擦干量角器，涂上防锈油放入盒内。

3. 图 2-36 角度样板测量评分标准

图 2-36 角度样板测量评分标准见表 2-4。

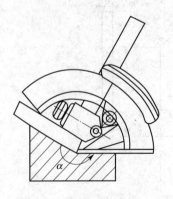

图 2-39　测量 140°～230°

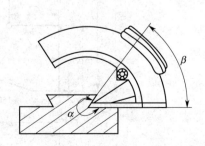

图 2-40　测量 230°～320°

表 2-4 测量评分标准

序号	项目与技术要求	配分	评分标准	测试结果	得分
1	测量前先检查量器的准确性	20	不正确扣 10 分		
2	正确使用量角器	10	总体评定		
3	测量 30°±2′	10	尺寸读数不正确全扣		
4	测量 90°±2′	20	尺寸读数不正确全扣		
5	测量 135°±4′	10	尺寸读数不正确全扣		
6	测量 150°±4′	10	尺寸读数不正确全扣		
7	测量 60°±2′	10	尺寸读数不正确全扣		
8	安全文明操作	10	酌情扣分		

任务 5 其他测量工具的使用

一、刀口直尺

刀口直尺通常用来测量面积较小的零件的平面度和直线度误差,如图 2-41 所示。刀口直尺的测量精度较高,一般可以精确到 0.001 mm 左右。其尺寸规格为刀口面的有效测量长度,钳口常用有 100 mm、150 mm、200 mm 等。

图 2-41 刀口直尺

为了提高测量精度,刀口直尺测量必须注意以下几点:

被测零件的平面度和直线度误差的判断方法常采用透光法。测量时,面对光源(如自然光源、日光灯),通过透过的光隙判断测量误差,如图 2-42 所示。采用透光法测量零件平面度时,如果刀口直尺与被测零件平面之间透光微弱且均匀,说明该方向直线度误差较小;如果透光强弱不一,说明该方向误差较大。

测量时,要将刀口直尺垂直放置在零件被测表面上进行测量,测量平面度时,还需将刀口直尺沿被测表面的纵向、横向以及对角等方向逐一测量,以便综合判断零件的平面度质量,如图 2-43 所示。

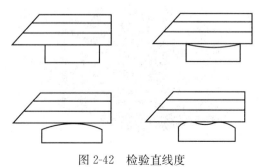

图 2-42 检验直线度

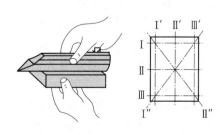

图 2-43 检验平面度

二、直角尺

直角尺又可简称为角尺,用于测量平面度或垂直度,或作为测量基准使用。按其结构划分,可分为整体式和装配式两种,刀口形角尺和宽座角尺。

宽座角尺是钳工使用最广的一种直角尺,如图 2-44 所示。

使用角尺前要擦净工件的基准面和被测表面,以及角尺的支承面和测量面。测量时,慢慢地将角尺靠在被测件的被测部位上,避免角尺的任何部位与被测件碰撞,让角尺的支承面和测量面与被测工件的基准面和被测表面稳定的接触在一起,如图 2-45 所示。

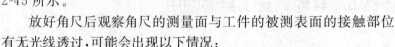

图 2-44　宽座角尺

放好角尺后观察角尺的测量面与工件的被测表面的接触部位有无光线透过,可能会出现以下情况:

1. 无光:说明被测表面的平面度好,且与基面垂直。
2. 两边无光:中间有少许光线透过:说明被测表面与基面垂直,但平面度较差,两边高中间低。
3. 上端有光:如图 2-46(a)所示,$\beta < 90°$。
4. 下端有光:如图 2-46(b)所示,$\beta > 90°$。

(a) 正确　　　　(b) 错误

图 2-45　直角尺测量方法

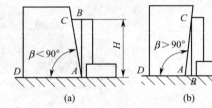

(a)　　　　　(b)

图 2-46　利用直角尺检测角度

三、塞　　尺

塞尺又称厚薄规,如图 2-47 所示,是主要用来测量配合零件之间间隙的一种量规,也可与其他工具结合用于测量零件的形状和位置公差。塞尺有两个平行的测量面,其规格长度可制成 50 mm、100 mm、200 mm 等几种,由若干片叠合在夹板盒内,每片塞尺的侧面都刻有代表其厚度的数字。

使用塞尺时,可根据被测间隙的大小,使用一片或几片组合一起插入间隙内。例如 0.3 mm 的塞尺能插入间隙,但 0.35 mm 塞尺不能插入间隙,则说明工件结合表面的间隙在 0.3～0.35 mm 之间。

由于塞尺片很薄,使用时不能用力过猛,否则容易使塞尺弯曲和折断。使用完毕后,必须擦净后整齐地收回夹板盒内。

图 2-47　塞尺

四、R 圆角规

R 圆角规也叫半径样板或半径规,主要用于检验零件凹凸曲线或曲面的曲率半径,如图 2-48 所示。成套的半径样板凹形及凸形样板各 16 片。

图 2-48 R 圆角规

用夹板夹在一起,便于使用和保存。每片样板上都注有圆弧半径尺寸。找出与被测曲线或曲面完全符合的样板,其上的标注值即为被测曲线或曲面的测量值。

五、量 块

量块是机械制造业中长度尺寸的标准,如图 2-49 所示。量块可以对量具和量仪进行检验校正,也可以用于精密划线和精密机床的调整,当量块与其他量具配合使用时,还可以测量某些精度要求较高的零件尺寸,直块是用不易变形的耐磨材料(如铬锰钢)制成的长方形六面体,它有两个主要工作面和四个非工作面。主要工作面是一对相互平行且平面度误差极小的平面,量块的主要工作面具有较高的研合性。

图 2-49 量块

1. 量块测量方法

使用量块配合百分表可以准确地测量零件尺寸。由于量块具有较高的研合性,因此可以把不同基本尺寸的量块组合成量块组,得到所需要的尺寸。但量块研合也会产生微量的尺寸误差,因此,应控制量块研合的数量,一般规定数量不超过 5 块。

量块使用完毕后,必须用纯棉布蘸取 100% 酒精将量块表面擦拭干净,并在量块表面涂抹凡士林油。量块都为成套领用,不使用的量块必须及时放置在量块盒中,防止量块缺失。

2. 量具的维护保养

量具和量仪必须正确地使用、维护和保养,才可使它们的精度有保障、寿命长。为此,使用时必须做到以下几点:

(1)量具和量仪必须经检定合格,处于良好的工作状态,并在有效期内使用。

(2)测量前,应将测量面及零件被测面擦拭干净,测量后亦应将量具擦拭干净并涂油,再行保管。

(3)不能用硬物损伤测量面,禁止使用精密量具测量毛坯或未加工的粗糙表面。

(4)禁止把量具当工具使用。如用金属直尺当旋具,用卡尺当划规,用千分尺当锤子等都是错误的。

(5)测量时不能用力过大,也不能测量温度过高的工件。

(6)量具和量仪必须放置得当,在安装量具和量仪时,应注意使它们之间不要相互影响,如电源、热源、磁场等不致使量具和量仪示值发生差错和不稳。

(7)注意操作安全,防止主观因素损坏量具和量仪。

(8)量具应定期检修,不允许自行修理。若发现量具误差增大、损伤等,应送计量部门检修。

1. 测量的含义是什么?

2. 钳工常用的测量方法有哪几种?

3. 钳工常用的量具有哪几类? 不同类型的量具都具有哪些特点?

4. 简述刀口直尺的测量方法。

5. 简述量角器的测量方法。

6. 简述游标卡尺的应用。

7. 简述百分表的应用场合。

8.“塞尺可以用来测量配合间隙的大小,但不能读出绝对数值”,这句话正确吗? 请阐述理由。

9. 简述量具的维护和保养方法。

项目三 划 线

划线是指在毛坯或工件上,用划线工具划出待加工部位的轮廓线或作为基准的点和线。如图 3-1 所示,这些点和线标明了工件某部分的形状、尺寸或特性,并确定了加工的尺寸界线。在机械加工中,划线主要用于下料、锉削、钻削、铣削和刨削等加工工艺中。

划线分平面划线和立体划线两种。只需要在工件的一个表面上划线既能明确表示加工界线的,称为平面划线,如图 3-1 所示。需要在工件的几个互成不同角度(通常是互相垂直)的表面上划线,才能明确表示加工界线的,称为立体划线,如图 3-2 所示。

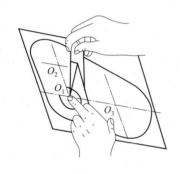

图 3-1 平面划线

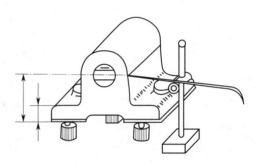

图 3-2 立体划线

任务 1 平 面 划 线

1. 平面划线工具
(1)钢板尺(又称钢板直尺)

钢板尺是一种简单的测量工具和划线的导向工具,其规格有 30 mm、150 mm、500 mm 和 1 000 mm 等几种。钢板直尺的使用方法如图 3-3 所示。

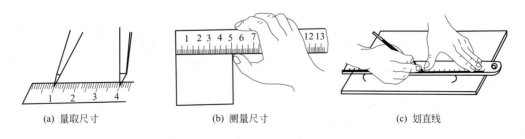

(a) 量取尺寸　　　　　　　(b) 测量尺寸　　　　　　　(c) 划直线

图 3-3 钢板尺的使用方法

（2）划线平台（图 3-4）

划线平台是用铸铁毛坯精刨或刮削制成的，其作用是用来安放工件和划线工具，并在其工作面上完成划线及检测过程。

（3）划针（图 3-5）

划针用来在工件上划线条，是由弹簧钢丝或高速钢制成的，直径一般为 3～5 mm，长度约为 200～300 mm，尖端磨成 15°～20° 的尖角，并经热处理淬火使之硬化。

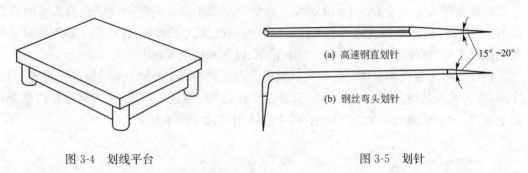

图 3-4　划线平台　　　　　　　　　　　　　　图 3-5　划针

在用钢板尺和划针连接两点的直线时，应先用划针和钢板尺定好一点的划线位置，然后调整钢板尺使之与另一点的划线位置对准，再划出两点的连接直线；划线时针尖要紧靠导向工具的边缘，上部向外侧倾斜 15°～20°，向划线移动方向倾斜约 45°～75°（图 3-6）；针尖要保持尖锐，划线要尽量一次划成，使划出的线条既清晰又准确；不用时，划针不能插在衣袋中，最好套上塑料管而不使针尖外露。

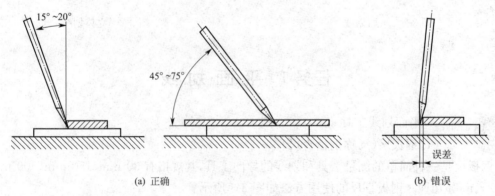

图 3-6　划针的用法

（4）90°角尺（图 3-7）

90°角尺是钳工常用的测量工具，划线时常用来做划平行线［图 3-7(b)］或垂直线［图 3-7(c)］的导向工具，也可用来找正工件在划线平台上的垂直位置。

（5）划规（图 3-8）

划规用来划圆和圆弧、等分线段、等分角度以及量取尺寸等。调整两个划规脚，即可获得所需的尺寸。

使用时，划规两脚的长短要磨得稍有不同，而且两脚合拢时脚尖能靠紧，这样才可划出尺寸较小的圆弧。划规的脚尖应保持尖锐，以保证划出的线条清晰。用划规划圆时，作为旋转中心的一脚应加以较大的压力,另一脚则以较轻的压力在工件表面上划出圆或圆弧(图 3-9),以避免中心滑动。

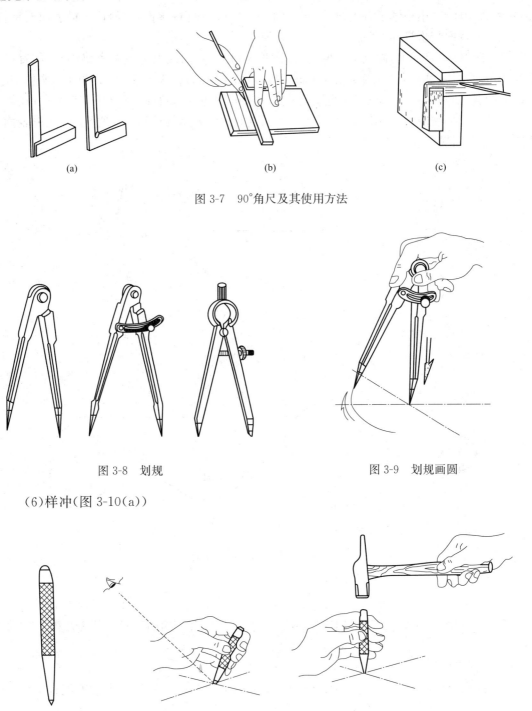

(a)   (b)   (c)

图 3-7　90°角尺及其使用方法

图 3-8　划规

图 3-9　划规画圆

(6)样冲(图 3-10(a))

(a) 样冲   (b) 用样冲对正   (c) 打样冲眼

图 3-10　样冲的使用方法

样冲用于在工件所划加工线条上打样冲眼（冲点），作加强界限标志和作圆弧或钻孔时的定位中心（称中心眼）。开始打样冲眼时，样冲向外倾斜（图 3-10(b)），使样冲尖端对正线的中部，然后直立样冲，用小锤子打击样冲顶部（图 3-10(c)）。薄壁零件要轻打，粗糙表面要重打，精加工过的表面禁止打样冲眼。

冲点时，位置要准确，冲点不可偏离线条（图 3-11）。在曲线上冲点距离要小些，如直径小于 20 mm 的圆周线上应有 4 个冲点，如图 3-12(a)所示；而直径大于 20 mm 的圆周线上应有 8 个以上冲点，如图 3-12(b)所示；在直线上冲点距离可大些，但短直线至少有 3 个冲点；在线条的交叉转折处必须冲点，如图 3- 12(c)所示。冲点的深浅要掌握适当，在薄壁上或光滑表面上冲点要浅，在粗糙表面上冲点要深些。

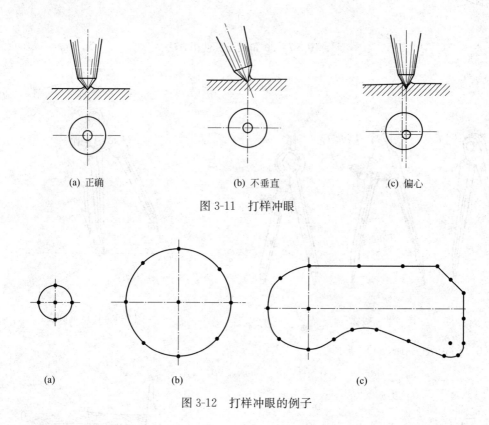

(a) 正确　　　　　　　　　(b) 不垂直　　　　　　　　　(c) 偏心

图 3-11　打样冲眼

(a)　　　　　　　(b)　　　　　　　　　　(c)

图 3-12　打样冲眼的例子

（7）划线盘

划线盘用来在划线平台上对工件进行划线（图 3-13(a)）或找正工件在平台上的正确安放位置（图 3-13(b)）。一般情况下，划针的直头端用来划线，弯头端用于对工件安放位置的找正（图 3-13(c)）。

（8）游标高度尺

游标高度尺（图 3-14(a)）是一种即能划线又能测量的工具。它附有划线脚，能直接表示出高度尺寸，其读数精度一般为 0.02 mm，可作为精密划线工具。其使用方法如图 3-14(b)所示。

使用前，应将划线刃口平面下落，使之与底座工作面相平行，再看尺身零线与游标零线是否对齐，零线对齐后方可划线。游标高度尺的校准可在精密平板上进行。

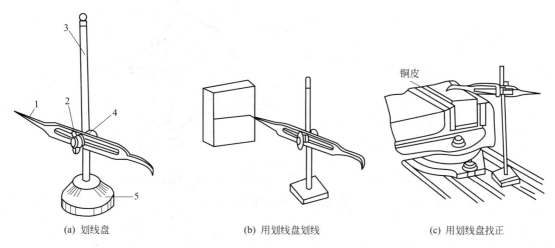

(a) 划线盘   (b) 用划线盘划线   (c) 用划线盘找正

图 3-13   划线盘及其使用方法

1—划针；2—锁紧螺母；3—立柱；4—升降块；5—底座

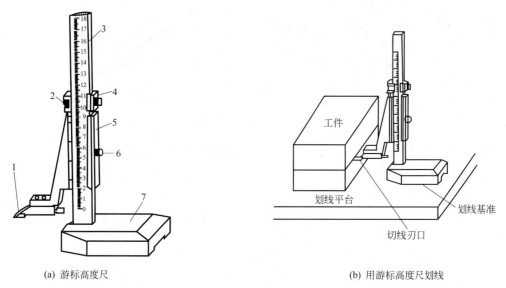

(a) 游标高度尺   (b) 用游标高度尺划线

图 3-14   游标高度尺及其使用方法

1—量爪；2—微调螺母；3—尺身；4—微调装置；5—游标；6—紧固螺母；7—底座

2. 基本线条的划法

（1）平行线的划法

平行线的划线方法如图 3-15 所示。

（2）垂直线的划法

垂直线的划线方法如图 3-16 所示。

（3）圆弧与两直线相切的划法

圆弧与两直线相切的划线方法如图 3-17 所示。无论两直线是直角、锐角还是钝角，首先以圆弧半径为间距，用 90°角尺及划针作两基准线的平行线 L_1、L_2 相交于 O 点，然后以 O 点

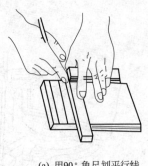
(a) 用90°角尺划平行线

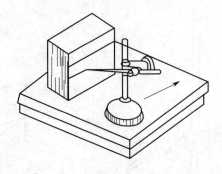
(b) 利用划线平板、划线盘(或游标高度尺)划平行线

图 3-15　平行线的划法

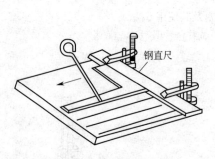
(a) 用钢直尺和90°角尺配合划垂直线

(b) 用90°角尺划垂直线

图 3-16　垂直线的划法

为圆心、以圆弧半径为半径,用划规划圆弧即可与两基准线相切(切点为 A、B)。

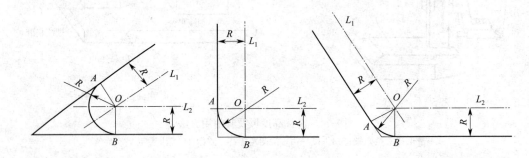

图 3-17　圆弧与两直线相切的划法

图 3-18(a)为两圆外切的圆弧线划法。分别以 O_1 和 O_2 为圆心,以 R_1+R 及 R_2+R 为半径作圆弧交于 O 点;再以 O 为圆心、R 为半径作圆弧。

图 3-18(b)为两圆内切的圆弧线划法。分别以 O_1 和 O_2 为圆心,以 $R-R_1$ 及 $R-R_2$ 为半径作圆弧交于 O 点;再以 O 为圆心、R 为半径作圆弧。

图 3-18(c)为一圆外切、一圆内切的圆弧线划法。分别以 O_1 和 O_2 为圆心,以 $R-R_1$ 及 $R+R_2$ 为半径作圆弧交于 O 点;再以 O 为圆心、R 为半径作圆弧。

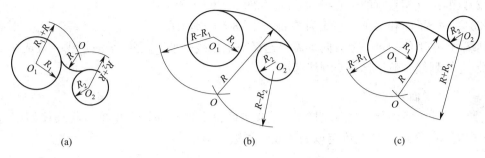

图 3-18 圆弧与圆弧相切的划法

3. 划线基准

所谓基准,就是工件上用来确定其他点、线、面的位置所依据的点、线、面。设计时,在图样上所选定的基准,称为设计基准。划线时,在工件上所选定的基准,称为划线基准。划线应从划线基准开始。划线基准选择的基本原则是应尽可能使划线基准与设计基准相重合。

划线基准一般有以下三种选择类型:

(1)以两个互相垂直的平面(或直线)为基准,如图 3-19(a)所示。

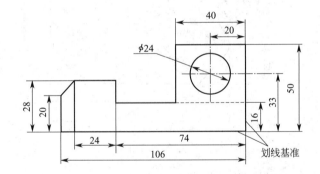

(a) 以两个互相垂直的平面(或直线)为基准

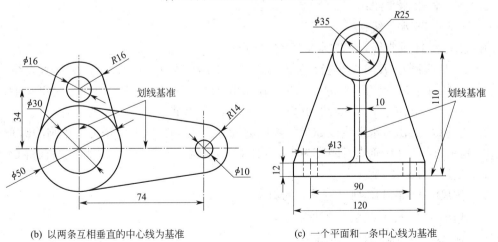

(b) 以两条互相垂直的中心线为基准

(c) 一个平面和一条中心线为基准

图 3-19 划线基准的类型

（2）以两条互相垂直的中心线为基准，如图 3-19(b)所示。

（3）以一个平面和一条中心线为基准，如图 3-19(c)所示。

划线时，在工件的每一个方向都需要选择一个划线基准。因此，平面划线一般选择 2 个划线基准；立体划线一般选择 3 个划线基准。

**操作
实习**　　　　平面划线实例。

图 3-20 所示为划线样板，要求在板料上把全部线条划出。其具体划线过程如下：按图中尺寸所示，应首先确定以底边和右侧边这两条直线为基准。

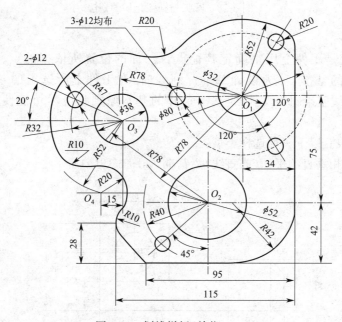

图 3-20　划线样板（单位：mm）

1. 沿板料边缘划两条垂直基准线（单位 mm，下同）；

2. 划尺寸 42 水平线；

3. 划尺寸 75 水平线；

4. 划尺寸 34 垂直线，与 75 水平线交 O_1 点；

5. 以 O_1 为圆心、$R78$ 为半径作弧并截取 42 水平线得 O_2 点，通过 O_2 点作垂直线；

6. 分别以 O_1、O_2 点为圆心、$R78$ 为半径作弧相交得点 O_3，通过 O_3 点作水平线和垂直线；

7. 通过 O_2 点作左下方 45°线，并以 $R40$ 为半径划弧截取获得小圆的圆心；

8. 通过 O_3 点作与水平线成 20°线，并以 $R32$ 为半径划弧截取获得另一小圆的圆心；

9. 划垂直线与 O_3 垂直线距离为 15，并以 O_3 为圆心、$R52$ 为半径作弧截取获得 O_4 点；

10. 划尺寸 28 水平线；

11. 按尺寸 95 和 115 划出左下方的斜线；

12. 划出 $\phi32$、$\phi80$、$\phi52$、$\phi38$ 圆周线；

13. 把 $\phi80$ 圆周按图作三等分；

14. 划出 5 个 $\phi12$ 圆周线；

15. 以 O_1 为圆心、$R52$ 为半径划圆弧,并以 $R20$ 为半径作相切圆弧;

16. 以 O_3 为圆心、$R47$ 为半径划圆弧,并以 $R20$ 为半径作相切圆弧;

17. 以 O_4 为圆心、$R20$ 为半径划圆弧,并以 $R10$ 为半径作两处的相切圆弧;

18. 以 $R42$ 为半径作右下方的相切圆弧。

在划线过程中,圆心找出后打样冲眼,以备圆规划圆弧,在划线交点以及划线上按一定间隔也要打样冲眼,以保证加工界线清楚可靠和质量检查用,对于表面经过磨削加工过的精密工件,也可以在划线后不打样冲眼。

任务2 立 体 划 线

1. 立体划线工具

(1)方箱

用于夹持工件并能翻转位置而划出垂直线,一般附有夹持装置和制有 V 形槽,如图 3-21 所示。

(2)V 形架

通常是两个 V 形架一起使用,用来安放圆柱形工件,划出中心线,找出中心等,如图 3-22 所示。

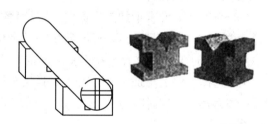

图 3-21 方箱   图 3-22 V 形架

(3)直角铁

可将工件夹在直角铁的垂直面上进行划线,如图 3-23 所示。

(4)千斤顶

通常是三个一组,用于支持不规则的工件,其支撑高度可做一定调整,如图 3-24 所示。

图 3-23 直角铁   图 3-24 千斤顶   图 3-25 垫铁

(5)垫铁

用于支持毛坯工件,使用方便,但只能做少量的高低调节,如图 3-25 所示。

2. 找　正

对于毛坯工件,划线前一般要先做好找正工作。找正就是利用划线工具使工件上有关的表面与基准面(如划线平台)之间处于合适的位置。找正时应注意:

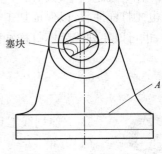

图 3-26　毛坯工件的找正

(1)当工件上有不加工表面时,应按不加工表面找正后再划线,这样可使加工表面与不加工表面之间保持尺寸均匀。如图 3-26 所示的轴承架毛坯,其内孔和外圆不同心,底面和 A 面不平行,这种情况划线前应找正。在划内孔加工线之前,应先以外圆(不加工)为找正依据,用单脚规找出其中心,然后按求出的中心划出内孔的加工线,这样内孔和外圆就可达到同心要求。在划轴承座底面之前,应以 A 面为依据,用划线盘找正成水平位置,然后划出底面加工线,这样底座各处的厚度就比较均匀。

(2)当工件上有两个以上的不加工表面时,应选重要的或较大的表面为找正依据,并兼顾其他不加工表面,这样可使划线后的加工表面与不加工表面之间尺寸比较均匀,而使误差集中到次要或不明显的部位。

(3)当工件上没有不加工表面时,通过对各加工表面自身位置的找正后再划线,可使各加工表面的加工余量得到合理分配,避免加工余量相差悬殊。

3. 划线时工件的放置与找正基准确定方法

(1)选择工件上与加工部分有关而且比较直观的面(如凸台、对称中心和非加工的自由表面等)作为找正基准,使非加工面与加工面之间厚度均匀,并使其形状误差反映在次要部位或不显著部位。

(2)选择有装配关系的非加工部位作为找正基准,以保证工件经划线和加工后能顺利进行装配。

(3)在多数情况下,还必须有一个与划线平台垂直或倾斜的找正基准,以保证该位置上的非加工面与加工面之间的厚度均匀。

4. 划线步骤的确定

划线前,必须先确定各个划线表面的先后划线顺序及各位置的尺寸基准线。尺寸基准的选择原则有以下几点:

(1)应与图样所用基准(设计基准)一致,以便能直接量取划线尺寸,避免因尺寸间的换算而增加划线误差。

(2)以精度高且加工余量少的型面作为尺寸基准,以保证主要型面的顺利加工和便于安排其他型面的加工位置。

(3)当毛坯在尺寸、形状和位置上存在误差和缺陷时,可将所选的尺寸基准位置进行必要的调整——划线借料,使各加工面都有必要的加工余量,并使其误差和缺陷能在加工后排除。

1. 准备工作

（1）分析图样

根据图样分析工件形体结构、加工要求及各尺寸的关系，明确划线内容，选择划线基准。分析图样 3-27 轴承座所标的尺寸要求和加工部位可知，需要划线的尺寸共有三个方向，所以划线基准选定为 $\phi50$ mm 孔的中心平面 Ⅰ-Ⅰ、Ⅱ-Ⅱ 和两个螺钉孔的中心平面 Ⅲ-Ⅲ。

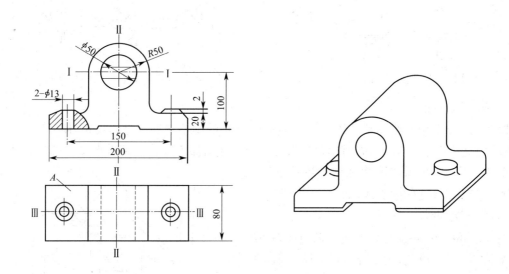

图 3-27 轴承座

（2）清理工件

去除铸件上的浇冒口、表面粘砂等。

（3）工件涂色

涂色后在毛坯孔中装上中心塞块。

（4）工件的安放

用三只千斤顶支撑轴承座的底面，调整千斤顶的高度，用划线盘找正。将 $\phi50$ mm 孔的两端面的中心调整到同一高度。因 A 面是不加工面，为保证底面加工厚度尺寸 20 mm 在各处均匀一致，用划针盘弯脚找正，使 A 面尽量达到水平。当 $\phi50$ mm 孔的两端中心和 A 面持水平位置的要求发生矛盾时，就要兼顾两方面进行安放，直至这两个部位都达到满意的安放效果。

2. 操作步骤

（1）第一次划线

首先划底面加工线。这一方向的划线工作涉及主要部分的找正和借料。在试划底面加工线时，如果发现四周加工余量不够，还要把中心适当借高（即重新借料），直至不需要变动时，即可划出基准线 Ⅰ-Ⅰ 和底面加工线，并且在工件的四周都要划出，以备下次在其他方向划线和在机床上加工时找正用，如图 3-28 所示。

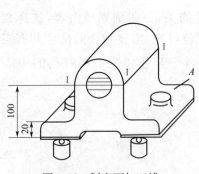

图 3-28　划底面加工线

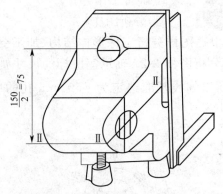

图 3-29　划螺钉孔中心线

（2）第二次划线

划 2-ϕ13 mm 中心线和基准线Ⅱ-Ⅱ。通过千斤顶的调整和划针盘的找正，使 ϕ50 mm 内孔两端的中心处于同一高度，同时用角尺按已划出的底面加工线找正到垂直位置，这样工件第二次安放位置正确。此时，就可划基准线Ⅱ-Ⅱ和两个 2-ϕ13 mm 孔的中心线，如图 3-29 所示。

（3）第三次划线

划 ϕ50 mm 孔两端面加工线。通过千斤顶的调整和角尺的找正，分别使底面加工线和Ⅱ-Ⅱ基准线处于垂直位置（两 90°角尺位置处），这样，工件的第三次安放位置已确定。以2-ϕ13 mm 的中心为依据，试划两大端面的加工线，如两端面加工余量相差太大或其中一面加工余量不足，可适当调整 2-ϕ13 mm 中心孔位置，并允许借料。最后即可划Ⅲ-Ⅲ基准线和两端面

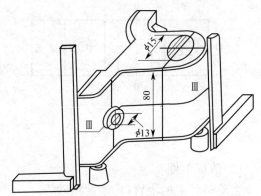

图 3-30　划大端面加工线

的加工线。此时，第三个方向的尺寸线已划完，如图 3-30 所示。

（4）划圆周尺寸线

用划规划出 ϕ50 mm 和 2-ϕ13 mm 圆周尺寸线。

（5）检查

对照图样检查已划好的全部线条，确认无误和无漏线后，在所划好的全部线条上打样冲眼，划线结束。

（6）注意事项

1）工件应在支撑处打好样冲点，使工件稳固地放在支撑上，防止倾倒。对较大工件，应加附加支撑，使安放稳定可靠。

2）在对较大工件划线，必须使用吊车运送时，绳索应安全可靠，吊装的方法应正确。大件放在平台上，用千斤顶调整时，工件下应垫上木块，以保证安全。

3）调整千斤顶高低时，不可用手直接调节，以防工件掉下将手砸伤。

（7）图 3-27 轴承座检测评分标准（表 3-1）

表 3-1 检测评分标准

序号	项目与技术要求	配分	评分标准	检测结果	得分
1	使用划线工具正确	6	每错 1 处扣 2 分		
2	三个位置垂直度找正误差小于 0.4 mm	24(8×3)	超差 1 处扣 8 分		
3	三个位置尺寸基准的位置小于 0.6 mm	24(8×3)	超差 1 处扣 8 分		
4	划线尺寸误差小于 0.3 mm	18(3×6)	超差 1 处扣 3 分		
5	线条清晰	8	不清晰全扣		
6	冲点位置正确	10	不正确全扣		
7	安全文明操作	10	酌情扣分		

1. 什么是找正？找正时应注意哪些问题？

2. 根据图 3-27 所示的技术要求，完成对工件的立体划线。

要求：

(1)长、宽、高 3 个位置垂直度找正误差±0.3 mm，尺寸基准位置误差＜0.5 mm；

(2)划线尺寸公差±0.3 mm；

(3)线条清晰，样冲位置准确、整齐。

项目四　錾削与锯削

用锤子打击錾子对金属材料进行切削加工,这项操作叫錾削。錾削一般用来去除毛坯上的凸缘、毛刺、浇口、冒口,以及分割材料、錾削平面、沟槽及异形油槽等。

任务1　錾　　削

1. 錾削工具

錾削加工的主要工具是錾子和锤子。

(1) 錾子

錾子是錾削工件的工具,它用碳素钢(T7A 或 T8A)锻打成形后再进行热处理和刃磨而成。常用的錾子有扁錾、窄錾和油槽錾三种。

1) 扁錾。扁錾如图 4-1(a)所示,切削刃较长,略带圆弧,切削面扁平。常用于錾平面、切割板料、去凸缘、毛刺和倒角。

2) 窄錾(尖錾)。窄錾如图 4-1(b)所示。切削刃较短,两切削面从切削刃到錾身逐渐狭小。常用于錾沟槽,分割曲面、板料,修理键槽等。

3) 油槽錾。油槽錾如图 4-1(c)所示。切削刃很短,呈弧形,切削部分为弯曲形状。主要用于錾油槽。

(a) 扁錾　　　　　　　　(b) 窄錾　　　　　　　　(c) 油槽錾

图 4-1　錾子的种类

(2) 锤子

锤子由锤头、手柄、铁楔子组成(图 4-2)。锤头由碳素工具钢经热处理(淬硬)制成。锤子的规格用质量来表示,分为 0.25 kg、0.5 kg 和 1 kg 等。手柄用 300～500 mm 硬而不脆的木材(如檀木)制成,手握处断面为椭圆形,起定向作用。铁楔子是木柄装进锤头椭圆孔后的紧固件,防止木柄与锤头松动脱开。

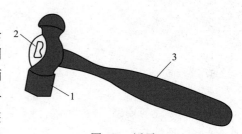

图 4-2　锤子

1—锤头;2—铁楔子;3—手柄

2. 錾削基本知识

（1）锤子的握法

用右手的食指、中指、无名指和小指握紧锤柄，柄尾伸出手 15～30 mm，大拇指贴在食指上。握锤的方法有松握法和紧握法两种，如图 4-3 所示。

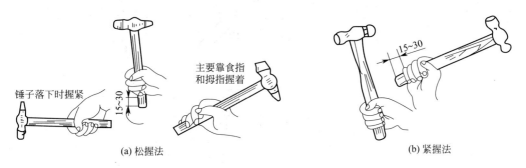

（a）松握法　　　　　　　　　　　　　（b）紧握法

图 4-3　锤子的握法

（2）挥锤方法

挥锤方法有腕挥、肘挥和臂挥三种，如图 4-4 所示。腕挥，用手腕运动锤击，锤击力较小，一般用于起錾、錾出、錾油槽、小余量錾削；肘挥，手腕与肘部一起运动，上臂不大动，锤击力较大，应用广泛；臂挥，手腕、肘部与全臂一起挥动，锤击力大，适用于大力錾削。

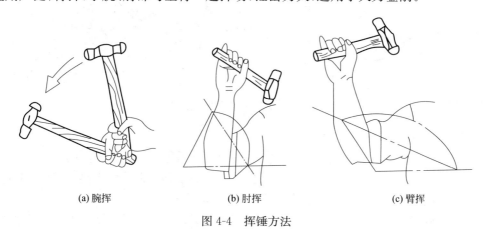

（a）腕挥　　　　　　　　　（b）肘挥　　　　　　　　　（c）臂挥

图 4-4　挥锤方法

（3）錾子的握法

錾子的握法有正握法、反握法和立握法三种，如图 4-5 所示，一般采用正握法。

1）正握法：如图 4-5（a）所示。手心向下，腕部伸直，用左手的中指、无名指握住錾子，小指自然合拢，拇指、食指自然伸直地松靠，自然放松，錾子头部应伸出手外约 20 mm。

2）反握法：如图 4-5（b）所示。手心向上并悬空，手指自然捏住錾子。

3）立握法，如图 4-5（c）所示。虎口向上，拇指放在錾子一侧，四指在另一侧捏住錾子。

（4）站立位置与姿势

錾削时，身体与台虎钳中心线约成 45°角，如图 4-6 所示。左脚前跨半步与台虎钳左面成 30°角，膝盖自然弯曲，右腿站稳伸直，与台虎钳左面成 75°角，两脚相距约 250～300 mm，如图 4-6（a）所示。重心前移，身体自然，便于操作者用力。

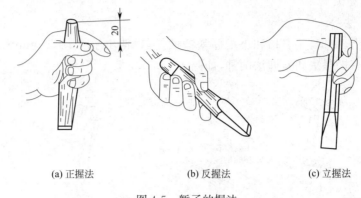

(a) 正握法　　　　　　(b) 反握法　　　　　　(c) 立握法

图 4-5　錾子的握法

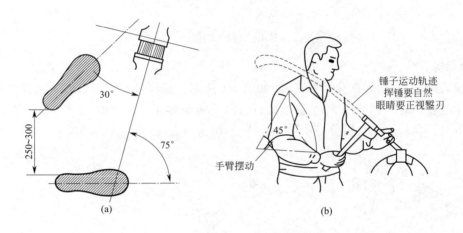

图 4-6　錾削站立位置与姿势

（5）锤击錾子时的要领

1）挥锤时，肘收臂提，举锤过肩；手腕后弓，三指微松；锤面朝天，稍停瞬间。

2）锤击时，右手小臂尽量与钳口方向平行，目光从右手背面上方注视錾刃，臂肘齐下；收紧三指，手腕加劲；锤錾一线，锤走弧线；左腿着力，右腿伸直。

3）锤击要稳、准、狠，有节奏，肘挥时的锤击速度一般以 40～50 次/min 为宜。起錾及錾削快结束时锤击要轻。

操作实习

1. 錾削加工操作

工件夹紧在台虎钳上，以保持工件的稳定。在錾削中，錾子必须倾斜适当的角度，使后角保持在 $5°\sim 8°$，如图 4-7 所示。錾削平面应从工件侧面的尖角处轻轻开始起錾，这样可以使切削刃易切入，不致产生滑脱、弹跳的现象。起錾后，再把錾子逐渐移向中间，使切削刃全宽参与切削。用扁錾錾削时每次錾削量约为 $0.5\sim 2$ mm。

本项目錾削的凸形块四周的平面较窄（10 mm），錾削时可使錾子的切削刃与錾削前进的方向倾斜一个角度，以

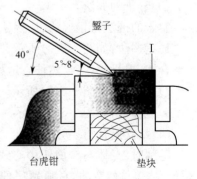

图 4-7　錾削角度

使切削刃全宽参与切削。这样切削刃与工件有较多的接触面，鏨子容易掌握平稳。否则鏨子易左右倾斜，导致加工面高低不平。

鏨子的后刀面与切面之间所产生的夹角称为后角 α_0，鏨削层的厚薄是确定后角大小的主要因素，鏨削层越厚后角越小。鏨削中，根据感觉调整鏨子的后角，鏨子向上滑时，造成鏨子容易滑出工件表面，不能切入时要加大后角；鏨子朝下扎入工件时，是后角太大使鏨子切入工件表面过深，鏨切困难，要减小后角。随着经验的积累，可达到熟练自如的程度，如图 4-8 所示。

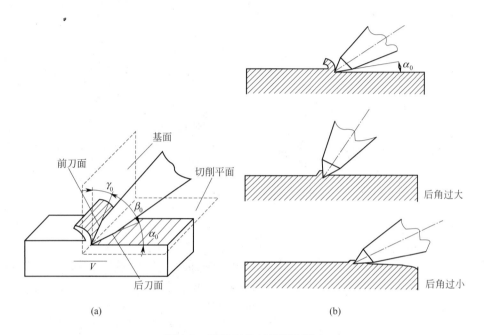

图 4-8　鏨削后角对鏨削的影响

为使鏨削表面光洁及减小鏨削阻力，鏨子可蘸全损耗系统用油或肥皂进行润滑，这样还可以提高鏨子的耐用度。一般鏨到与尽头相距约 10 mm 处时，必须调头鏨削余下部分，否则可能会使工件边缘材料崩碎，这在鏨削脆性材料时应尤为注意。

2. 板料、油槽的鏨削方法

（1）板料鏨削

切断薄板料（厚度 2 mm 以下）时，可将其夹在台虎钳上，并将板料按划线夹成与钳口平齐，用扁鏨沿着钳口斜对着板料约成 45°角自左向右鏨削，如图 4-9 所示。

对尺寸较大的板料或鏨削曲线形板料时，不能在台虎钳上进行，可在铁砧上进行。切断用鏨子的切削刃应磨有适当的弧形；当鏨削直线时，可用扁鏨；鏨削曲线时，刃宽应能保证鏨痕与曲线相似，宜用尖鏨。鏨削时，应从前向后鏨，起鏨时应放斜些似剪刀状，然后逐步直立鏨削，如图 4-10 所示。

对形状复杂的板料，最好先在轮廓上钻一排小孔，然后鏨削，如图 4-11 所示。

（2）油槽鏨削

油槽鏨削如图 4-12 所示。首先要选宽度与油槽宽度相同的油槽鏨，在平面上鏨油槽，起鏨时鏨子要慢慢加深至尺寸要求，鏨到尽头时刃口要慢慢翘起，保证槽底圆滑。在曲面上鏨油槽,錾子的倾斜角要随曲面而变动,保持錾削后角不变,以使油槽尺寸、光滑程度符合要求,錾好后,再用其他工具修好槽边毛刺。

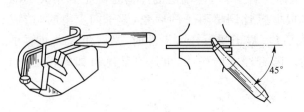 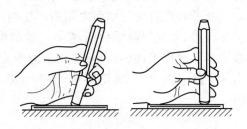

图 4-9　薄板錾削　　　　　　　　图 4-10　錾削板料的方法

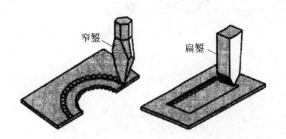 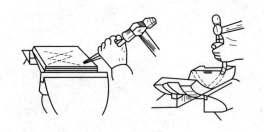

图 4-11　分割曲线板料　　　　　　图 4-12　油槽錾削

知识 扩展

1. 錾子的刃磨

錾削过程中,錾子切削部分因磨损变钝而失去切削能力,需要到砂轮机上刃磨。刃磨方法如图 4-13 所示,右手拇指和食指捏紧錾子距刃口 30～40 mm 斜面处,左手拇指在上,四指在下握紧錾柄。刃磨时,将切削刃放在稍高于砂轮片中心平面处,并沿砂轮宽度方向往返平稳移动,施力要均匀,不易过大,经常蘸水冷却。刃磨后,用角度样板检验楔角 β_0 大小,如图 4-14 所示。錾子的几何角度如图 4-8(a)所示,錾削一般钢件和中等硬度材料时,楔角为 $50°～60°$,錾削硬钢和铸铁时的楔角取 $60°～70°$,錾削有色金属时的楔角小于 $60°$。

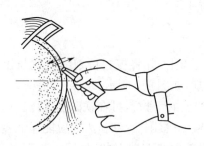 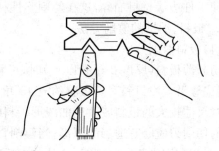

图 4-13　錾子的刃磨方法　　　　　图 4-14　用角度样板检查錾子楔角

2. 錾子的热处理

錾子的热处理是为了提高錾子的硬度和韧性,它包括淬火和回火两个过程。

(1)淬火

将用 T7 或 T8 材料制成的錾子的切削部分(约长 20 mm)均匀加热到 $750～780 ℃$(樱红

色),迅速放入冷水内冷却(浸入深度约 5～6 mm,图 4-15),即完成淬火。錾子放入水中冷却时,应垂直水面并沿着水面缓慢移动。

(2)回火

当淬火后錾子露出水面的部分呈黑色时,将其从水中取出,迅速擦去氧化皮,观察刃部颜色变化。扁錾刃口部分呈紫红色与暗蓝色时,尖錾刃口部分呈黄褐色与红色之间时,将錾子再次放入水中冷却,即完成了錾子的淬火—回火处理全部过程。

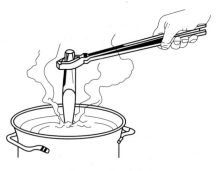

图 4-15　錾子淬火

任务 2　锯　　削

用锯削工具对金属材料进行切断或切槽等的加工方法,称为锯削。钳工应用锯削可以对各种原材料或半成品进行锯断加工,锯除多余部分材料,在零件上锯槽等。

1. 手锯

手锯是对材料或工件进行分割和切槽的锯削工具,它由锯弓和锯条组成。

(1)锯弓

锯弓用于安装并张紧锯条,分为固定式和可调式两种,如图 4-16 所示。固定式锯弓只能安装一种长度的锯条,可调式锯弓一般可以安装三种长度的锯条,通常采用可调式锯弓。

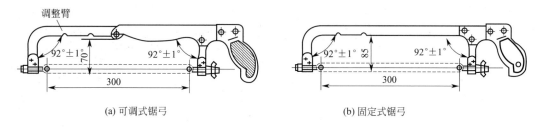

(a) 可调式锯弓　　　　　　　　　　　(b) 固定式锯弓

图 4-16　锯弓的种类

(2)锯条

锯条是直接锯割材料和工件的刀具,一般由渗碳钢冷轧制成,也可用碳素工具钢或合金钢制成后,经热处理淬硬使用。锯条的规格分为长度规格和粗细规格,长度规格以锯条两端安装孔的中心距表示,常用锯条长度是 300 mm;粗细规格是根据锯条每 25 mm 长度内所包含的锯齿数进行分类,分为粗、中、细三种,见表 4-1。

表 4-1　锯条分类

规格	每 25 mm 长度内齿数	应　　用
粗	14～18	锯削软钢、黄铜、铝、铸铁、紫铜、人造胶质材料
中	22～24	锯削中等硬度钢、厚壁的钢管、铜管
细	32	薄片金属、厚壁的钢管
细变中	32～20	一般工厂中用

1)锯齿的切削角度。图 4-17 所示为锯齿的切削角度。锯条的切削部分由许多形状相同的锯齿组成,每个齿相当于一把錾子都有切削能力。常用锯齿角度为后角 40°、楔角 50°、前角 0°。

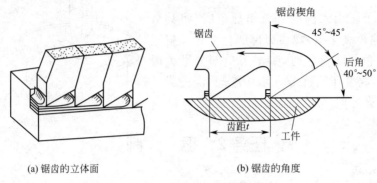

(a) 锯齿的立体面　　　　　　　　　　(b) 锯齿的角度

图 4-17　锯齿的切削角度

锯削前首先要安装好锯条。安装时,保证齿尖的方向朝前,如图 4-18 所示。锯条的松紧要适当,装好后锯条应尽量与锯弓在同一平面内,不要有扭曲现象。

2)锯路。为了减少锯缝两侧面对锯条的摩擦阻力,避免锯割时锯条被夹住,制造时将锯齿按一定的规律左右错开,排成一定的形状,称为锯路。锯路有交叉形和波浪形(图 4-19)。锯路使工件上的锯缝宽度大于锯条背部的厚度,防止"夹锯"和磨损锯条。

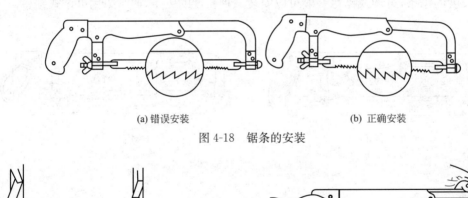

(a) 错误安装　　　　　　　　　　　　(b) 正确安装

图 4-18　锯条的安装

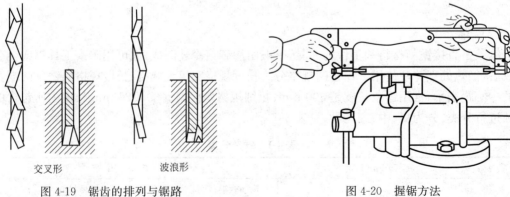

交叉形　　　　波浪形

图 4-19　锯齿的排列与锯路　　　　　　图 4-20　握锯方法

2. 锯削操作要点

(1)锯削的基本姿势

1)握锯方法。如图 4-20 所示,右手满握锯柄,左手轻扶在锯弓前端。

2）站立位置及姿势。锯削的站立位置与錾削基本相同，右脚支撑身体重心，双手扶正手锯放在工件上，左臂微弯曲，右臂与锯削方向基本保持平行，如图 4-21 所示。

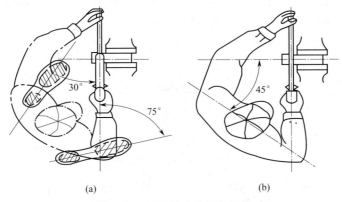

(a)　　　　　　　　　　　　　　(b)

图 4-21　锯削站立位置与姿势

（2）锯削动作

如图 4-22 所示，锯削时双脚站立不动。推锯时，右腿保持伸直状态，身体重心慢慢转移到左腿上，左膝盖弯曲，身体随锯削行程的加大自然前倾；当锯弓前推行程达锯条长度的 3/4 时，身体重心后移，慢慢回到起始状态，并带动锯弓行程至终点后回到锯削开始状态。

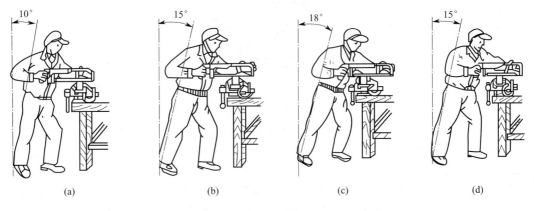

(a)　　　　　　　　(b)　　　　　　　　(c)　　　　　　　　(d)

图 4-22　锯削动作

锯削运动有两种方式：一种是直线运动，适用于薄型工件、直槽及锯割面精度要求较高的场合。一种是摆动式运动，适用范围较广，推锯时左手微上翘，右手下压；回锯时右手微上翘，左手下压，形成摆动，这样锯削轻松，效率高。

动作要领：身动锯才动，身停锯不停，身回锯缓回。

（3）锯削压力

锯割时，手锯推出为切削过程，退回时不参加切削，为避免锯齿磨损，提高工作效率，推锯时，应施加压力，回锯时，不施加压力而自然拉回。锯削硬材料比锯削软材料的压力要大。

（4）锯条行程和运动速度

锯削时，尽量使锯条的全长都参加切削，锯削行程不应小于锯条长度的 2/3。锯削速度控制在 20～40 次/min，且推锯速度比回锯速度要慢，锯削硬材料比锯削软材料要慢。

3. 起锯操作方法

起锯是锯削的开始,起锯质量直接关系到锯削质量和尺寸误差的大小。起锯方法有两种:从工件远离操作者一端起锯称为远起锯,如图 4-23(a)所示;从工件靠近操作者的一端起锯称为近起锯,如图 4-23(b)所示。为保证锯削顺利进行,开始锯削时用左手拇指按住锯削位置对锯条进行导航,也可用物体靠在锯条侧面或在锯缝处用錾子錾出一个浅缝,如图 4-23(c)所示。

起锯角即工件切母线与锯条间的夹角。起锯时起锯角 θ 应控制在 $10°\sim15°$,若起锯角太大,起锯时不平稳,锯齿易被工件棱边卡住引起崩裂;若起锯角太小,同时参加锯削的锯齿数太多,不宜切入材料。

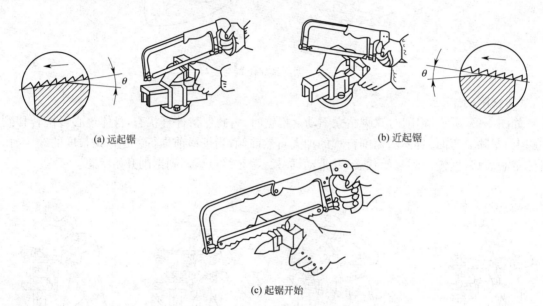

(a) 远起锯　　　　　　　　　　　　　(b) 近起锯

(c) 起锯开始

图 4-23　起锯方法及起锯角

1. 管件的锯削

(1)锯前划线

管件锯削时,一般要求划出垂直于轴线的锯削线,管件长度尺寸较大时,可用矩形纸条,按锯削尺寸绕工件外圆一周(简称贴条法,如图 4-24 所示),然后划出加工线;也可直接纸条边线锯削。

(2)管件的装夹

对于薄壁管件或精加工过的管件,应夹在有 V 形槽的两块木衬垫之间,以防夹扁管,破坏加工面精度,如图 4-25 所示。

图 4-24　管件的划线方法

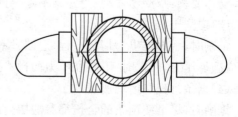

图 4-25　管件的装夹

（3）管件的锯削

锯削管件时不能在一个方向从开始连续锯到结束，因为锯穿管件内壁后锯齿很易被管钩住而崩断，如图 4-26(b)所示；正确的锯削方法是先在一个方向锯到管件内壁后，把管向推锯的方向转过一定的角度，并连接原锯缝再锯到管件的内壁，逐次进行，直到锯断止，如图 4-26(a)所示。

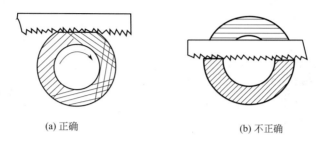

(a) 正确　　　　　　　　　　(b) 不正确

图 4-26　管件的锯削方法

2. 棒料的锯削

如果锯削断面有平整要求，则工件一次装夹，从一个方向连续锯断为止，如图 4-27(a)所示。若锯削断面要求不高，则可将工件依次旋转一定角度，分几个方向锯削，每次锯削不锯到工件中心，最后敲击工件使棒料折断，如图 4-27(b)所示。

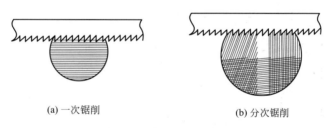

(a) 一次锯削　　　　　　　　　(b) 分次锯削

图 4-27　棒料的锯削方法

3. 薄板锯削

薄板是指厚度小于 4 mm 的板材，锯削薄板时易产生变形、颤动或钩住锯齿等现象。为保证同时参加锯削的锯齿数大于 2，锯削薄板有两种方法：一种是用两块木板夹持板，连同木板一起沿夹面上锯下，如图 4-28(a)所示；另一种把板料直接夹在台虎钳上，用手锯做横向斜锯削，增加同时参加锯削的锯齿数，如图 4-28(b)所示。

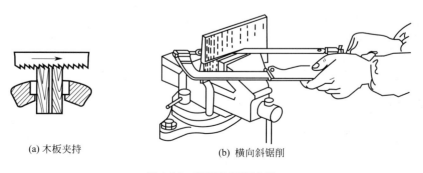

(a) 木板夹持　　　　　　　　　(b) 横向斜锯削

图 4-28　薄板的锯削方法

4. 深缝锯削

当锯缝的深度大于锯弓的高度时,正常安装锯条的方法无法完成锯削工作,如图 4-29(a)所示。可将锯条转过 90°重新安装,使锯条平面与锯弓平面垂直,锯弓转到工件的外侧,如图 4-29(b)所示,此时若发生锯弓与工件干涉现象,不便操作时,则应将锯条向内安装,使锯弓位于工件的下方进行锯削,如图 4-29(c)所示。

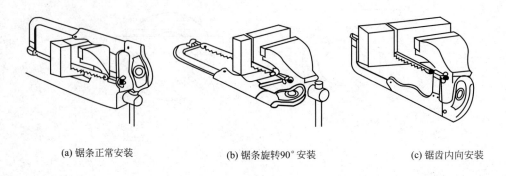

(a) 锯条正常安装　　　　　(b) 锯条旋转90°安装　　　　　(c) 锯齿内向安装

图 4-29　深缝的锯削方法

思考练习

1. 如图 4-30 所示的六方柱,要求用锯削的方法进行分割,达到图样技术要求。工时30 min,工件材料为 HT150。评分标准见表4-2。

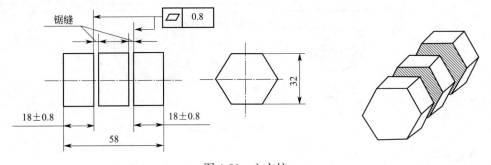

图 4-30　六方柱

表 4-2　评分标准

序号	项目与技术要求	配分	评分标准	检测结果	得分
1	尺寸要求(18±0.8)mm	25	每超差 0.2 mm 扣6分		
2	平面度误差 0.8 mm(2面)	15×2	每超差 0.2 mm 扣3分		
3	锯削姿势正确,锯削速度合理	15	不符合要求酌情扣分		
4	锯削断面纹路整齐(2面)	5×2	总体评定,酌情扣分		
5	锯条使用正确	5	每折断一根锯条扣3分		
6	工件装夹正确,合理牢固	5	不符合要求酌情扣分		
7	安全文明操作	10	酌情扣分		

2. 錾子的切削部分由哪些部分组成? 錾子的楔角如何选择?

3. 怎样对錾子进行热处理,在热处理时应注意什么?

4. 起錾和錾削至工件尽头时应注意什么？

5. 什么是锯条的锯路？它的作用是什么？

6. 安装锯条时应注意哪些问题？

7. 如何起锯？在锯削将要完成时要注意什么？

8. 锯条折断的原因有哪些？

9. 当棒料锯削面精度要求较高时，要采用怎样的锯削方法？

项目五　锉　　削

用锉刀对工件表面进行切削加工的操作称为锉削。锉削多用于小余量的精加工，常安排在錾削和锯割加工之后，加工精度可以达到 0.01 mm，表面粗糙度可达 $Ra0.8\ \mu m$。

锉削可加工内外平面、内外曲面、内外沟槽、内孔、各种复杂表面；装配中可以配键、修整工件；工具制作中可以制作样板；模具制造中可以实现某些特殊形面和位置的加工。锉削是考核钳工技能水平的主要操作之一。

任务 1　平　面　锉　削

1. 锉刀

锉刀是锉削的刀具，一般用 T13 或 T12A 制成，经热处理使切削部分硬度达 HRC62～72。

(1)锉刀的结构

锉刀由锉身和锉柄组成，如图 5-1(a)所示。锉身由锉刀面、锉刀边、锉刀尾和锉刀舌等组成。根据锉纹方向不同，锉刀可分为双齿纹锉刀和单齿纹锉刀。上下两个锉刀面都制有倾角不相等的两个方向锉纹的锉刀，称为双齿纹锉刀，如图 5-1(b)所示；也有一个方向的单齿纹锉刀，用于锉削软材料，如图 5-1(c)所示。锉刀边是锉刀的两个侧面，分为光边和有齿边。锉刀舌呈楔形，与木制锉刀柄内孔相配合，并用铁箍扎紧。

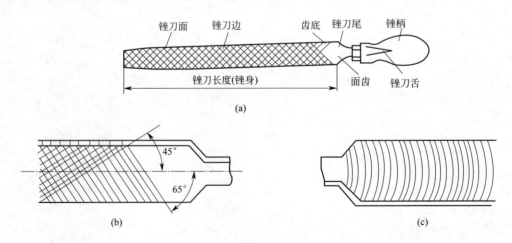

图 5-1　锉刀的结构

(2)锉刀的种类

按照锉刀的用途可分为钳工锉、整形锉和异形锉三种。

1)钳工锉按锉刀的断面形状又分为板锉(又称平锉或扁锉)、半圆锉、方锉、三角锉和圆锉五种，图 5-2 所示为钳工锉及断面形状。其中，板锉、半圆锉、圆锉可以用来锉削曲面。

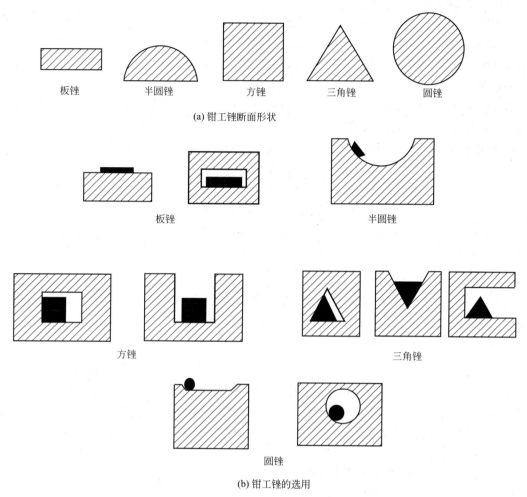

(a) 钳工锉断面形状

板锉　　　　　　半圆锉

方锉　　　　　　三角锉

圆锉

(b) 钳工锉的选用

图 5-2　钳工锉及断面形状

2)整形锉(又称组锉或什锦锉)。将同一长度而不同断面形状的小锉分组配备成套,通常 5 把、6 把、8 把、10 把、12 把为一套,用于修整工件上的细小部分,如图 5-3 所示。

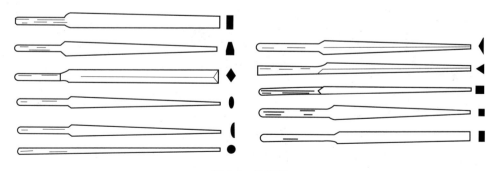

图 5-3　整形锉

(3)锉刀的选用

锉削时必须根据具体工件加工情况合理选用锉刀。

1）锉刀的断面形状和长度要和工件锉削表面形状与大小相适应。

2）锉刀的尺寸规格要根据工件的加工余量和工件的硬度选用，当工件的加工余量大、材质硬度高时选用大尺寸规格的锉刀，否则选用小规格的锉刀。圆锉刀的规格用其直径表示；方锉刀用其边长表示；其他锉刀用锉身长度表示，钳工常用的锉刀有 100 mm、150 mm、200 mm 和 300 mm 等规格。

3）锉刀的粗细规格要根据工件的加工余量、精度和表面粗糙度要求选用，一般是大余量、低精度、表面粗糙度差时，选用粗齿锉刀，否则选用细齿锉刀。

齿纹粗细规格，以锉刀每 10 mm 轴向长度内主锉纹的条数表示，见表 5-1。

表 5-1　锉刀齿纹粗细规格

锉齿粗细	锉削余量 （mm）	尺寸精度 （mm）	表面粗糙度值 （μm）	适用场合
1 号（粗齿锉刀）	0.5～1	0.2～0.5	$Ra100$～$Ra25$	适用于粗加工，或锉铜和铝等软金属
2 号（中齿锉刀）	0.2～0.5	0.05～0.2	$Ra25$～$Ra6.3$	
3 号（细齿锉刀）	0.1～0.3	0.02～0.5	$Ra12.5$～$Ra3.2$	适于锉钢或铸铁等
4 号（双细齿锉刀）	0.1～0.2	0.01～0.02	$Ra6.3$～$Ra1.6$	
5 号（油光锉刀）	0.1 以下	0.01	$Ra1.6$～$Ra0.8$	适于最后修光表面

2. 锉削操作要点

（1）锉刀的握法

右手握锉刀的基本方法如图 5-4 所示，锉刀柄端抵住拇指根部手掌，大拇指自然伸直放在锉刀柄上方，其余四指由下而上握紧锉刀柄，手腕保持挺直。左手的握法根据锉刀的大小规格不同而不同。

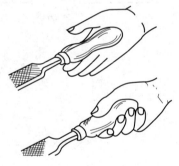

图 5-4　锉刀的握法

1）大锉刀握法。大锉刀指尺寸规格大于 250 mm 的板锉。可采用如图 5-5 所示的三种握法。左手中指、无名指钩捏住锉刀前端，大拇指根部压在锉刀头部，手掌横放在锉刀前端上面，如图 5-5（a）所示；左手斜放在锉刀前端上方，大拇指除外其余四指自然弯曲，如图 5-5（b）所示；左手斜放在锉刀前端上方，手指自然平放，如图 5-5（c）所示。

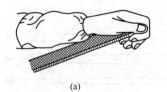
（a）

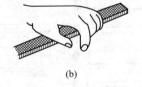
（b）

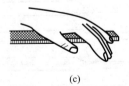
（c）

图 5-5　大锉刀握法

2）中锉刀握法。左手用大拇指和食指捏住锉刀前端，将锉刀端平，如图 5-6 所示。

3）小锉刀握法。左手四指均压在锉刀中部上表面，与食指、中指呈八字状压在锉刀上表面前后部位，如图 5-7 所示。

4）整形锉握法。如图 5-8 所示，食指放在锉身上面，拇指放在锉刀的左侧。

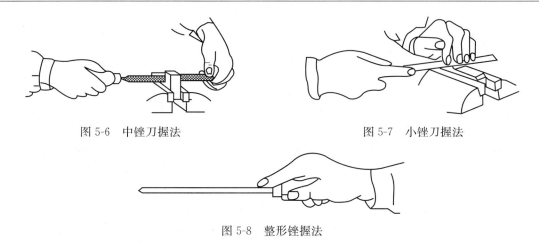

图 5-6 中锉刀握法　　　　　　　　图 5-7 小锉刀握法

图 5-8 整形锉握法

（2）锉削站立位置和姿势

锉削时站立位置和姿势与锯削基本相同。其动作要领是:锉削时,身体先于锉刀向前,随之与锉刀一起前行,重心前移至左脚,膝部弯曲,右腿伸直并前倾,当锉刀行程至 3/4 处时,身体停止前进,两臂继续将锉刀推到锉刀端部,同时将身体重心后移,使身体恢复原位,并顺势将锉刀收回。当锉刀收回接近结束时,身体又开始前倾,进行第二次锉削。

（3）锉削力

锉削时,要锉出平直的平面,两手加在锉刀上的力要保证锉刀平衡,使锉刀做水平直线运动。而锉刀在锉削运动过程中,瞬间可视为杠杆平衡问题(工件可视为支点,左手为阻力作用点,右手为动力作用点)。每次锉刀运动时,右手力随锉刀推动而逐渐增加,左手力逐渐减小,回程时不施力,从而保证锉刀平衡。锉刀受力情况分解如图 5-9 所示。

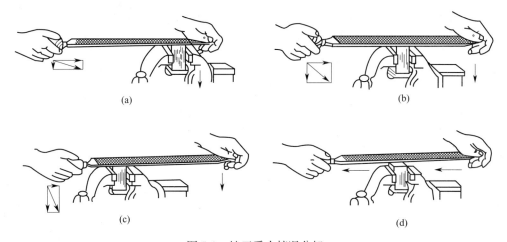

图 5-9 锉刀受力情况分解

1）开始锉削时,左手施力较大,右手水平分力(推力)大于垂直分力(压力),如图 5-9(a)所示。

2）随着锉削行程的逐渐增大,右手施力逐渐增大,左手压力逐渐减小,当锉削行程至 1/2 时,两手压力相等,如图 5-9(b)所示。

3）当锉削行程超过 1/2 继续增加时,右手压力继续增加,左手压力继续减小,行程至锉削终点时,左手压力最小,右手施力最大,如图 5-9(c)所示。

4)锉削回程时,将锉刀抬起,快速返回到开始位置,两手不施压力,如图 5-9(d)所示。

(4)锉削速度

锉削速度一般控制在 40 次/min 左右,推锉时稍慢,回程时稍快,动作协调自然。

(5)平面锉削方法

1)顺锉法。顺锉法是指锉刀沿着工件夹持方向或垂直于工件夹持方向直线移动进行锉削的方法,这种方法是最基本的锉削方法。锉削的平面可以得到正直的锉痕,比较美观整齐,表面粗糙度值较小,如图 5-10 所示。锉削时,后一次锉削应在前一次锉削位置处横向移动锉刀宽度的 2/3 左右,两次锉削位置重叠锉刀宽度的 1/3,可以使整个加工表面锉削均匀。

2)交叉锉。交叉锉是锉削时锉刀从两个方向交叉对工件表面进行锉削的方法。锉刀的运动方向与工件夹持方向约呈 50°～60°角,如图 5-11 所示。一般是先从一个方向锉完整个表面,再从另一个方向锉削该表面。该法由于锉刀与工件接触面积较大,易掌握锉刀平稳,通过锉痕易判断加工面的高低不平情况,平面度较好。

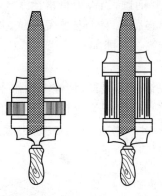

图 5-10　顺锉法

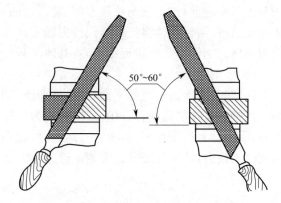

图 5-11　交叉锉

1. 锉削长方体

(1)锉削材料:45 钢,如图 5-12 所示。

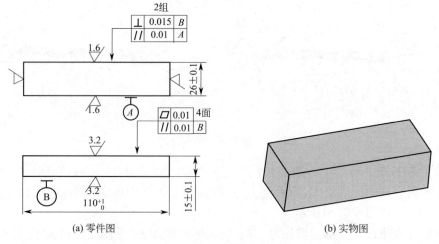

(a) 零件图　　　　　　　　(b) 实物图

图 5-12　90°角尺尺座

(2)量具:游标卡尺、刀口尺、塞尺和90°直角尺。

(3)工具:设备:板锉 300 mm(粗)、200 mm(中)、150 mm(细)各一只、台虎钳。

(4)划线工具:平台、V 形铁、游标高度尺。

操作步骤:

(1)划锉削加工线

将工件靠在 V 形架侧面,用游标高度尺在毛坯 30 mm 高的平面内划出两个锉削平面的锉削加工线(宽度 26 mm 的加工线),每个平面的加工余量均为 2 mm,如图 5-13 所示。

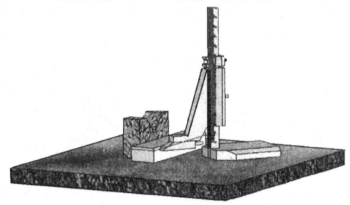

图 5-13　划锉削加工线

(2)工件的装夹

将划好线的工件正确的夹紧在台虎钳中间,锉削面略高出钳口面,夹持面为锯削面。

(3)锉削基准面 A

先用 300 mm 大板锉粗加工錾削后的毛坯面,将錾痕去掉,然后加工平面 A,待余量还有 0.5 mm 左右时,改用 200 mm 的中齿锉刀,加工至余量留有 0.15 mm 左右时,用 150mm 细齿锉加工至尺寸线宽度中间位置,最后用整形锉修整表面,达到平面度和表面粗糙要求。

(4)锉削过程中的测量

锉削过程中,要经常用游标卡尺测量尺寸,控制工件大小和精度,以保证各项精度对加工余量的要求。平面度采用刀口尺通过透光法来检查。检查时,刀口尺垂直放在工件表面上,如图 5-14(a)所示;并在加工面的横向、纵向,对角方向多处逐一测量,如图 5-14(b)所示;以确

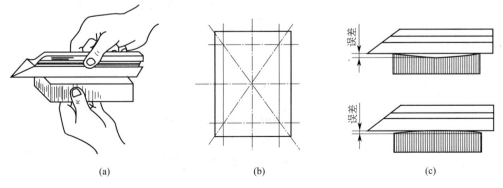

(a)　　　　　　　　(b)　　　　　　　　(c)

图 5-14　用刀口尺测量平面度

定各方向的直线度误差,误差值的大小可用塞尺塞入检查,检查位置应是透光最强处,如图 5-14(c)所示。

(5)锉削基准面 A 的对面

以加工好的基准面 A 为基准,锉削 A 面的对面,加工方法仍然是先粗加工,后精加工,并用游标卡尺控制尺寸精度达到要求,用粗锉、细锉控制表面粗糙度和平面度。

(6)划另一组锉削面的加工线

以基准面 A 为基准,贴紧 V 形铁基准面,在毛坯 20 mm 高的平面内划出两个锉削平面的加工线(高度 15 mm 的加工线),两面的加工余量均为 2.5 mm。划线方法同步骤 1。

(7)加工 A 面的任一相邻面即基准面 B

加工方法与基准面 A 的加工方法相同,同时要用 90°直角尺采用透光法控制 B 加工面与基准面 A 的垂直度,测量方法如图 5-15 所示。其他精度检查方法同 A 面的检查方法。

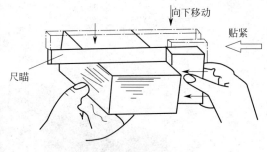

图 5-15　用 90°直角尺测量垂直度

用 90°直角尺测量垂直度时,可以和塞尺配合测量出垂直度误差的数值大小,以确定是否超差。检查时掌握以下几点:

1)先将角尺尺座的测量面紧贴工件的基准面,然后从上逐步轻轻向下移动,使角尺测量面与工件的被测量面接触,眼光平视观察透光情况,判断工件被测面与基准面是否垂直。检查时,角尺不可斜放,否则检查结果不准确。

2)用角尺测量垂直度时,也可将塞尺塞进直角尺与被测工作表面间的最大空隙中,根据塞尺组合厚度得到垂直度误差的大小数值。

(8)加工 B 面的对面,用游标卡尺控制尺寸精度,用 90°直角尺控制与 A 面的垂直度,锉削方法与 A、B 面相同。

(9)去毛刺,全部精度复检,并做必要的修整锉削,达到要求。

3. 注意事项

(1)基准面作为加工和测量的基准,必须达到规定的技术要求,才能加工其他平面。

(2)注意加工顺序,即先加工平行面,后加工垂直面。

(3)每次测量时,锐边必须去除,保证测量的准确性。

(4)新锉刀要先用一面,不可锉毛坯、并尽可能使锉刀全长锉削。

(5)锉刀不能叠放,不能当撬杠或敲击工具,不使用无装柄锉刀。

(6)经常用钢丝刷或铁片沿锉刀齿纹方向清除铁屑。

4. 误差分析

误差分析见表 5-2。评分标准见表 5-3。

表 5-2　锉削平面不平的形式和原因

形　式	产生的原因
平面中凸	1. 双手用力不能使锉刀保持平衡; 2. 锉削姿势不正确; 3. 锉刀面中凹

续上表

形　式	产生的原因
对角扭曲或塌角	1. 左手或右手施力时重心偏向锉刀一侧; 2. 工件未夹正; 3. 锉刀扭曲
平面横向中凸或中凹	锉刀左右移动不均匀

表 5-3　工件图 5-12 评分标准

序号	项目与技术要求		配分	评分标准	检测结果	得分
1	锉削姿势、动作协调、自然		10	酌情扣分		
2	握锉方法正确		10	酌情扣分		
3	尺寸	(26±0.1)mm	5	超差不得分		
		(15±0.1)mm	5	超差不得分		
4	平面度	0.01 mm(4 处)	4×5	超差 1 处扣 5 分		
5	垂直度	0.015 mm(2 组)	2×5	超差 1 处扣 5 分		
6	平行度	0.01 mm(2 组)	2×5	超差 1 处扣 5 分		
7	表面粗糙度	1.6 μm	2×5	目测超差 1 处扣 5 分		
		3.2 μm	2×5	目测超差 1 处扣 5 分		
8	安全文明操作		10	酌情扣分		

任务 2　曲 面 锉 削

1. 曲面锉削的应用

(1)配键。在零件加工和产品装配过程中,用于可拆连接零件(例如键)的修配和加工。

(2)完成机械加工较为困难的曲面件的加工与修整。如凹凸曲面模具、曲面样板以及轮廓曲面等。

2. 曲面锉削要点

曲面锉削时锉刀的握法、锉削站立位置和姿势、锉削力控制、锉削速度的大小与平面锉削相同,不同之处是锉削方法。

(1)外曲面的锉削方法

锉削外曲面时,锉刀要同时完成两个运动,即前进运动和绕工件圆弧中心的转动,且两个动作要协调,速度要均匀。其锉削方法有两种:

1)顺向锉削法,如图 5-16(a)所示。锉削时,右手向前推锉的同时向下施加压力,左手随着向前运动的同时向上提锉刀。锉削前一般先将锉削面锉成多棱形。这种锉削方法能使圆弧面光滑,适用于圆弧面的精加工。

2)横向锉削法,如图 5-16(b)所示。锉削时,锉刀做直线推进的同时做短距离的横向移动,锉刀不随圆弧面摆动。这种锉削方法加工的圆弧面往往呈多棱形,接近圆弧而不光滑,需要用顺向锉削法精锉,常用于大余量的粗加工。

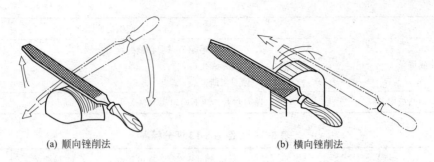

(a) 顺向锉削法　　　　　　　　　　(b) 横向锉削法

图 5-16　外曲面的锉削方法

(2)内曲面的锉削方法

锉削内曲面时,锉刀要同时完成三个运动,即前进运动、沿圆弧面向左或向右移动、锉刀绕自身轴线的转动。三个动作只有协调完成,才能保证锉出的圆弧面光滑、准确。其锉削方法有两种:

1)复合运动锉削法,如图 5-17(a)所示。锉削时,锉刀同时完成三种运动。一般用于圆弧面的精加工。

2)顺向锉削法,如图 5-17(b)所示。锉刀只做直线运动,这种方法锉削的圆弧面呈多棱形,一般适用于粗加工。

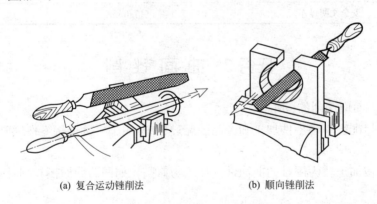

(a) 复合运动锉削法　　　　　　　　(b) 顺向锉削法

图 5-17　内曲面的锉削方法

1. 准备工作

(1)锉削材料:毛坯是由机加工而成的 85 mm×85 mm×25 mm 的 45 钢方铁,锉削成凹型方铁如图 5-18(b)所示。

(2)量具:游标卡尺、90°直角尺、R 规或样板、塞尺。

(3)工具、设备:300 mm(粗)、200 mm(中)板锉各一只、200 mm 半圆锉、ϕ10 mm 圆锉、台虎钳。

(4)划线工具:平台、划线样板、划针。

2. 操作步骤

(1)划锉削加工线

将工件放在平台上,将划线样板对正压在工件 85 mm×85 mm 面上,并用划针划出圆弧

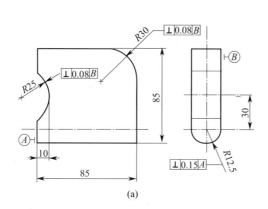
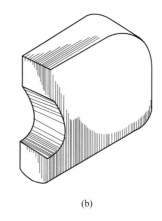

图 5-18　凹型方铁

加工线。

（2）工件的装夹

将划好线的工件正确的夹紧在台虎钳中间，锉削面高出钳口面约 15 mm，夹持面为 85 mm×85 mm 平面，并用软钳口防止夹伤平面。

（3）锉削内圆弧 R25

先用半圆锉或圆锉采用顺向锉削法粗加工内圆弧面，待加工至接近尺寸要求时，采用复合运动锉削法精加工。加工过程中用凸 R25 规检查锉削与 R 规圆弧面接触情况，通过透光法判断间隙。

（4）锉削外圆弧 R30、R12.5

锉削时，先用 300 mm 的板锉采用横向锉削法将锉削面锉成接近圆弧的多边形，然后用顺向锉削法精锉成形，精加工时用 200 mm 的中锉，以提高加工精度。加工过程中用凹 R30、R12.5 规通过透光法检查锉削面的精度。

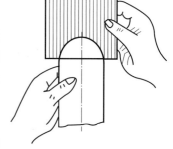

图 5-19　用曲面样板
检查曲面轮廓度

（5）圆弧的检测也可以用事先制作的曲面样板检查，通过塞尺或透光法进行检查控制，如图 5-19 所示。

评分标准见表 5-4。

表 5-4　工件图 5-18 评分标准

序号	项目与技术要求		配分	评分标准	检测结果	得分
1	锉削动作协调、自然		10	不符合要求酌情扣分		
2	工、量具安放位置正确整齐，选用合理		5	不符合要求酌情扣分		
3	站立位置和身体姿势正确、自然		5	不符合要求酌情扣分		
4	锉削方法选择正确		10	不符合要求酌情扣分		
5	尺寸	10 mm	6	超差不得分		
		R25、R30、R12.5	3×10	超差一处扣 10 分		

序号	项目与技术要求		配分	评分标准	检测结果	得分
6	表面粗糙度	$Ra12.5\ \mu m$(3 处)	3×4	目测超差一处扣 4 分		
7	垂直度	0.08 mm(2 处)	2×3	超差一处扣 8 分		
		0.15 mm	6	超差不得分		
8	安全文明操作		10	酌情扣分		

3. 注意事项

(1)线条要清晰,可先将硫酸铜溶液涂在划线表面上。

(2)锉削外曲面时,可先用倒角方法倒至靠近划线处,再锉削。

(3)不要只注意锉圆弧,而忽略与基准面的垂直度。

(4)顺向法锉削外曲面时,锉刀上翘下摆的摆动幅度要大。

(5)曲面锉削易出现的误差:圆弧多角形、半径过大或过小、横向与基准面的垂直度误大;尺寸超差;锉纹杂乱不整齐。

　　1. 球面的锉削方法

　　锉削球面时,锉刀要完成外圆弧面锉削的复合运动,即外圆弧面的顺向锉和横向锉两种方法的结合锉削,同时锉刀还要绕工件的球心做周向摆动,如图 5-20 所示。

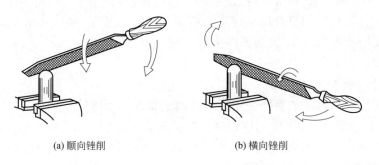

(a) 顺向锉削　　　　　　　　　(b) 横向锉削

图 5-20　球面锉削

2. 平面与曲面的连接方法

同一个工件上,需要锉削平面和曲面时,要求二者连接要圆滑。一般情况下,锉削顺序是先锉削平面,后锉削曲面。若先加工曲面后加工平面,则在加工平面时,锉刀易左右移动,损伤已加工的曲面,同时圆弧和平面连接处不易相切,锉削不圆滑。

　　1. 平面锉削方法有哪几种? 各应用于什么场合?

　　2. 简述平面锉削时的动作要领。

3. 锉削外曲面的方法有哪几种? 简述其锉削要领。

4. 何谓锉配? 锉配工艺对加工精度有何影响?

项目六 孔 加 工

用钻床、钻头在实心材料上加工出孔的操作称为钻孔。用钻床钻孔时，钻头装夹在钻床上，依靠钻头与工件间的相对运动来完成切削运动。切削加工时的相对运动有主运动与进给运动。主运动是钻孔时钻头的旋转运动为主运动。进给运动使被切削金属继续投入切削的运动。

麻花钻由于钻孔时钻头处于半封闭状态，切削量大、转速高、钻头磨损严重且排屑困难。钻孔加工精度不高，一般为 IT10～IT11 级，表面粗糙度值一般为 $Ra50～12.5~\mu m$。常用于加工要求不高的孔或作为孔的粗加工。

任务 1 麻花钻的刃磨

预备知识

1. 麻花钻

麻花钻又称钻头，是孔加工中应用最广泛的刀具，其类型和规格很多，最小直径可到 0.05 mm，最大直径可达 80 mm，常用的麻花钻由高速钢制造。标准的麻花钻由工作部分、颈部和尾部三个部分组成，如图 6-1 所示。

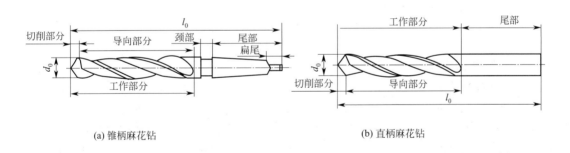

(a) 锥柄麻花钻 　　　　　　　　　　　　　　(b) 直柄麻花钻

图 6-1　麻花钻

工作部分又分为切削部分和导向部分，切削部分担负着主要的切削工作，如图 6-2 和图 6-4 所示，它有三条切削刃，前刀面（螺旋槽面）和后刀面（钻头顶端两曲面）相交形成的两条直线切削刃担负着主要切削作用，两后刀面相交形成的横刃担负着孔中心部分的钻削。导向部分有两条狭长的高出齿背约 0.5～1 mm 的螺旋形棱边（副后刀面），在钻孔时起导向作用，同时也是切削部分的后备部分，直径前大后小，约有 0.03～0.12 mm/100 mm 的倒锥度以减少钻头与孔壁间的摩擦。棱边与前刀面相交形成的两条棱刃是副切削刃，它起修光孔壁的作用。两条螺旋槽来排除切屑和输送切削液。为增强钻头的刚度，工作部分的钻芯直径 d_c 朝尾部方向递增，如图 6-3 所示。尾部有直柄和锥柄两种形式，是夹持钻头的部分，前者用于直径小于 12 mm 的钻头，真径大于 12 mm 的钻头制成锥柄，可以传递更大的转矩。颈部位于工作部分和尾部之间,用于磨锥柄时砂轮的退刀。

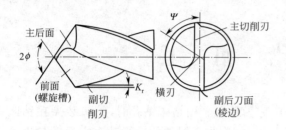

图 6-2 标准麻花钻的结构

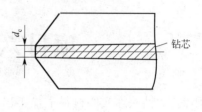

图 6-3 钻芯的形状

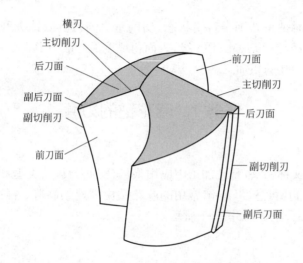

图 6-4 标准麻花钻切削刃的结构

(1)标准麻花钻的参数

结构参数决定标准麻花钻的几何形状,即在钻头制造中控制的参数。结构参数很多,其中螺旋角 β(副切削刃展开成的直线与钻头轴线的夹角,如图 6-5 所示)影响麻花钻的切削性能。增大螺旋角有利于排屑,能获得较大的前角,但麻花钻强度变差。小直径麻花钻,钻高强度钢材料,麻花钻取小的螺旋角;大直径麻花钻,钻铝合金等软材料,麻花钻取大螺旋角。标准麻花钻的螺旋角一般为 $18°\sim30°$。

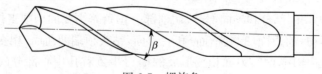

图 6-5 螺旋角

(2)刃磨参数

它是刃磨麻花钻时需要控制的参数,包括锋角、后角和横刃斜角。

麻花钻虽然结构复杂,但一般只需刃磨后刀面,刃磨时需要控制上述三个角度。这三个角度的测量平面分别是:中剖面、柱剖面和端平面,如图 6-6 所示。测量平面的定义见表 6-1。

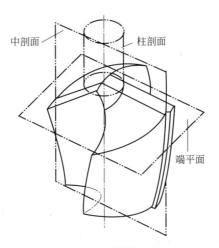

图 6-6　测量平面

表 6-1　测量平面的定义

名称	定　　义
中剖面	过麻花钻轴线与两主切削刃平行的平面
柱剖面	过主切削刃上某选定点做与钻头轴线平行的直线,该直线绕轴线旋转所形成的圆柱面
端平面	与麻花钻轴线垂直的端面投影平面

1)锋角又称顶角(2ϕ),是两主切削刃在中剖面中投影间的夹角。标准麻花钻 $2\phi = 118°$,此时主切削刃为直线。否则,呈外凸或内凹曲线,如图 6-7 所示。

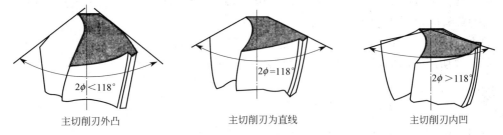

图 6-7　主切削刃形状随锋角的变化

锋角的大小影响主切削刃上轴向力的大小。锋角愈小,则轴向力愈小,有利于散热和提高钻头耐用度。但锋角减小后,在相同条件下,钻头所受的扭矩增大,切屑变形加剧,排屑困难,会妨碍冷却液的进入。

2)后角(α_0),是柱剖面内后刀面与端平面之间的夹角,如图 6-8 所示。主切削刃上各点的后角不等。外缘处后角较小($\alpha_0 = 8°\sim14°$),越靠近钻心处后角越大($\alpha_0 = 20°\sim26°$),横刃处 $\alpha_{0横} = 30°\sim60°$。后角的大小影响着后刀面与工件切削表面的摩擦程度。后角越小,摩擦越严重,但切削刃强度越高。

3)横刃斜角(ψ),是在端平面中横刃与中剖面的夹角,如图 6-9 所示。它是在刃磨钻头时自然形成的,其大小与后角、锋角大小有关。后角刃磨正确的标准麻花钻的 $\psi = 50°\sim55°$。当后角磨得偏大时,横刃斜角就会减小,而横刃的长度会增大。

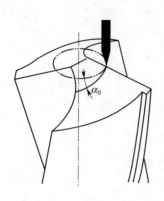

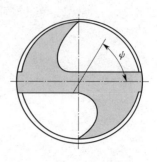

图 6-8　麻花钻的后角 　　　　　　　　　　图 6-9　横刃斜角

尽管麻花钻的前角、刃倾角等都是派生角度,但对它们的分析有助于对麻花钻更深入的理解和认识。注意:麻花钻主切削刃上各点的前角均不相等。麻花钻的前角是在中剖面中测量的前刀面与端平面之间的夹角。

2. 标准麻花钻的缺点

(1)横刃较长,横刃处前角为负值,在切削过程中,横刃处于挤刮状态,产生很大的轴向力,使钻头容易发生抖动,定心不良。据试验,钻削时 50% 的轴向力和 15% 的扭矩是由横刃产生的,这是钻削中产生切削热的重要原因。

(2)主切削刃上各点的前角大小不一样,致使各点切削性能不同。由于靠近横刃处的前角是负值,切削为挤压状态,所以切削性能差,产生热量大,磨损严重。

(3)钻头的副后角为零,靠近切削部分的棱边与孔壁的摩擦比较严重,容易发热和磨损。

(4)主切削刃外缘处的刀尖角较小,前角很大,刀齿薄弱,而此处的切削速度却很高,故产生的切削热最多,磨损极为严重。

(5)主切削刃长,而且全宽参加切削,各点切屑流出速度的大小和方向都相差很大,会增加切屑变形,故切屑卷曲成很宽的螺旋卷,容易堵塞容屑槽,排屑困难。

1. 刃磨麻花钻

(1)准备工作

1)材料:标准麻花钻,材料为 W18Cr4V。

2)工、刃、量、辅具:$\phi 5$ mm、$\phi 8.5$ mm、$\phi 10$ mm 直柄麻花钻头、砂轮机、角度检验样板等。

(2)操作步骤

1)分析图样

根据图样要求,刃磨后,应使其外缘处后角 $\alpha_0 = 10° \sim 14°$,横刃斜角 $\psi = 55°$,锋角 $= 118° \pm 2°$,两主切削刃相对钻头轴线的对称度为 0.1 mm。

2)刃磨动作

①操作者应站在砂轮机的左面,右手握住钻头的头部,左手握住柄部,被刃磨部主切削刃处于水平位置,使钻头中心线与砂轮圆柱母线在水平面内的夹角等于钻头锋角的一半,同时钻尾向下倾斜,如图 6-10(a)所示。

②将主切削刃在略高于砂轮水平中心平面处先接触砂轮。右手缓慢的使钻头绕自轴线由下向上转动,同时施加适当的刃磨压力,这样可使整个后刀面都磨到。左手配合做缓慢的同步

下压运动,刃磨压力逐渐增大,这样便于磨出后角,其下压的速度及其幅度随要求的后角大小而变,为保证钻头近中心处磨出较大后角,还应做适当的右移运动。刃磨时两手动作的配合要协调、自然,如图 6-10(b)所示。

注意:刃磨时压力不要过大,应均匀地摆动,并经常蘸水冷却,防止温度过高而降低钻头硬度。当一个主后刀面磨好后,将钻头转 180°刃磨另一个主后刀面时,人和手要保持原位置和姿势,这样才能使磨出的两个主切削刃对称。

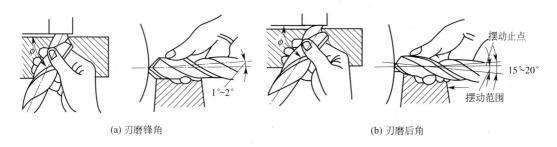

| (a) 刃磨锋角 | (b) 刃磨后角 |

图 6-10　刃磨锋角和后角

（3）目测检查

刃磨过程中,把钻头切削部分向上竖起,两眼平视,观察两主切削刃的长短、高低和后角的大小。反复观察两主切削刃(图 6-11),如有偏差,必须再进行修磨。按此不断反覆,两后刀面经常轮换,使两主切削刃对称,直至达到刃磨要求。

（4）用样板检查麻花钻的锋角和横刃斜角

麻花钻刃磨后锋角和横刃斜角的检查可利用检验样板进行,如图 6-12 所示,并要旋转 180°后反复看几次,不合格时再进行修磨,直至各角度达到规定要求。

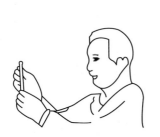

图 6-11　麻花钻的目测检查

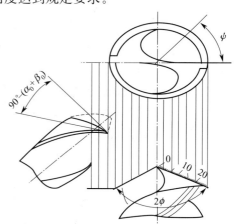

图 6-12　用样板检查刃磨后麻花钻的锋角和横刃斜角

（5）修磨横刃

针对麻花钻横刃较长、不易定心(钻头易发生抖动)、切削条件差等特点,所以,一般直径在 5 mm 以上的钻头均需磨短横刃。磨削时要增大横刃处的前角,缩短横刃的长度。将麻花钻中心线所在水平面向砂轮侧面左倾约 15°夹角,所在垂直平面向刃磨点的砂轮半径方向下倾约成55°夹角，如图6-13所示。修磨时转动钻头，使麻花钻刃背接触砂轮圆角处，由外向内沿刃背线逐渐磨至钻心将横刃磨短，然后将麻花钻转过180°，修磨另一侧横刃。修磨后的横刃长度为原来长度的1/5～1/3，横刃前角为－15°～0°，如图6-14所示。

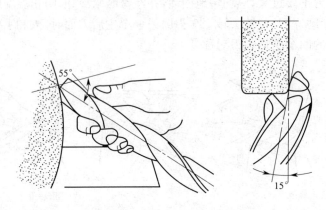

图6-13　横刃的修磨方法

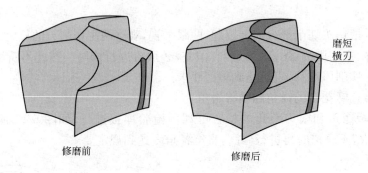

修磨前　　　　　　修磨后　　　磨短横刃

图6-14　修磨横刃

（6）修磨双重锋角

标准麻花钻在钻削铸铁及中等硬度钢材时，为改善散热条件，提高耐用度，经常会磨出双重锋角，如图6-15所示。双重锋角可以增加切削刃的总长，增大刀尖角，从而增加刀齿的强度，改善散热条件，提高切削刃与棱边交角处的抗磨性。

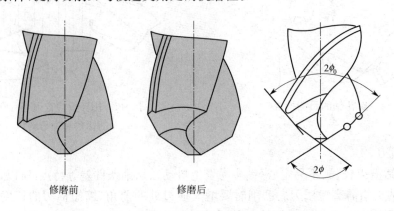

修磨前　　　　　　修磨后

图6-15　修磨双重锋角

（7）修磨棱边

如图 6-16 所示，在靠近主切削刃的一段棱边上，磨短棱边宽度使其为原来宽度的 $1/3 \sim 1/2$，磨出副后角 $\alpha_0 = 6° \sim 8°$，目的是减少棱边对孔壁的摩擦，提高钻头的耐用度。

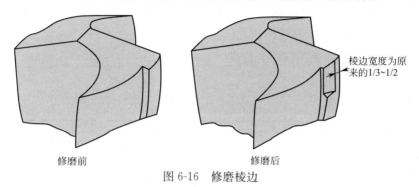

棱边宽度为原来的1/3~1/2

修磨前　　　　　　　　　　　　修磨后

图 6-16　修磨棱边

（8）修磨前刀面

如图 6-17 所示，把主切削刃和副切削刃交角前刀面磨去一块，以减少该处的前角，目的是在钻削硬材料时提高刀齿的强度。

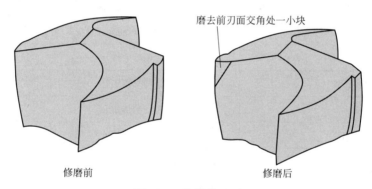

磨去前刀面交角处一小块

修磨前　　　　　　　　　　　　修磨后

图 6-17　修磨前刀面

（9）修磨分屑槽

这是针对标准麻花钻在钢件上钻削较大直径孔时排屑不顺、冷却不力所采取的措施。如图 6-18 所示，在钻头的两个主后刀面上磨出几条相互错开的分屑槽，使切屑变窄，这样有利于切屑的排出。

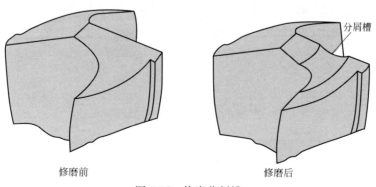

分屑槽

修磨前　　　　　　　　　　　　修磨后

图 6-18　修磨分削槽

2. 注意事项

(1)钻头的冷却:钻头刃磨时压力不宜过大,并要经常蘸水冷却,防止因过热退火而降低硬度。

(2)砂轮旋转必须平稳,对跳动量大的砂轮必须进行调整。

(3)刃磨过程中应随时检查麻花钻的几何角度。

3. 刃磨 $\phi 8$、$\phi 10$、$\phi 12$ 的麻花钻评分标准

评分标准见表 6-2。

表 6-2　评分标准

序号	项目与技术要求	配分	评分标准	检测结果	得分
1	麻花钻握法正确、自然	10	不正确酌情扣分		
2	刃磨过程中常蘸水冷却	10	不正确酌情扣分		
3	$2\phi = 118° \pm 2°$,达到要求	10	样板检查,超差无分		
4	横刃斜角 $\psi = 50° \sim 55°$	10	样板检查,超差无分		
5	两主切削刃对称度 0.1 mm,达到要求	10	样板检查,超差无分		
6	后角 $\alpha° = 8° \sim 14°$,达到要求	10	样板检查,超差无分		
7	修磨横刃正确	10	不正确酌情扣分		
8	修磨双重锋角正确	5	不正确酌情扣分		
9	修磨棱边正确	5	不正确酌情扣分		
10	修磨前刀面正确	5	不正确酌情扣分		
11	修磨分屑槽正确	5	不正确酌情扣分		
12	安全文明操作	10	酌情扣分		

知识扩展　硬质合金钻头是在麻花钻切削部分嵌焊一块硬质合金刀片而成。它适用于钻削很硬的材料,如高锰钢和淬硬钢;由于硬质合金耐磨性好,也适于高速钻削铸铁。常用的硬质合金刀片材料是 YG 类、YT 类、YW 类。如图 6-19 所示。

图 6-19　硬质合金钻头

<h1 align="center">任务2　钻　　孔</h1>

操作实习　如图 6-20 所示工件,要求在平面上钻孔,试制定加工工艺。

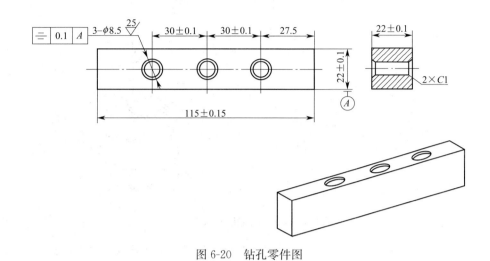

图 6-20　钻孔零件图

1. 钻孔的步骤

（1）工件划线

按钻孔的位置尺寸要求，划出孔位置的十字中心线，并打上样冲眼（冲眼要小，位置要准），按孔的大小划出孔的圆周线，如图 6-21 所示。钻直径较大的孔时，还应划出几个大小不等的检查圆，用于检查和校正钻孔的位置，如图 6-22（a）所示。当钻孔的位置尺寸要求较高时，为避免打中心眼所产生的偏差，可直接划出以中心线为对称中心的几个大小不等的方格，作为钻孔时的检查线，然后将中心样冲眼敲大，以便准确落钻定心，如图 6-22（b）所示。

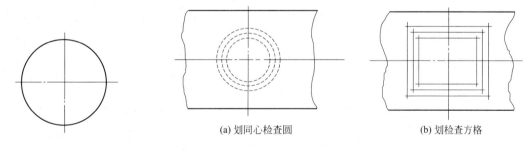

（a）划同心检查圆　　　　　　（b）划检查方格

图 6-21　划孔的圆周线　　　　　　　图 6-22　划孔的检查线

（2）工件的装夹

由于工件比较平整，可用机用平口钳装夹，如图 6-23 所示。

把机用平口钳安放在钻床的工作台上，擦净钳口的铁屑，将工件放入钳口内，使工件的被加工面朝上，按顺时针方向旋转螺杆将工件夹紧，如图 6-23（a）所示。然后用铜棒或木棍敲击，听声音检查工件是否放平夹紧，如图 6-23（b）所示。

装夹时，工件表面应与钻头垂直，钻直径大于 $\phi8$ mm 的孔时，必须将机用平口钳固定，固定前应用钻头找正，使钻头中心与被钻孔的样冲眼中心重合。

（3）安装麻花钻

1）直柄麻花钻的拆装。直柄麻花钻用钻夹头夹持。先将麻花钻柄装入钻夹头的三卡爪内（夹持长度不能小于 15 mm），再用钻夹头钥匙旋转外套，做夹紧或放松动作，如图 6-24 所示。

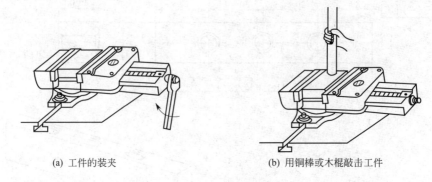

(a) 工件的装夹　　　　　　　　(b) 用铜棒或木棍敲击工件

图 6-23　用机用平口钳装夹工件

2)锥柄麻花钻的拆装。锥柄麻花钻用柄部的莫氏锥体直接与钻床主轴连接。连接时,需将麻花钻锥柄、主轴锥孔擦干净。然后使矩形扁尾的长向与主轴上的腰形孔中心线方向一致,用加速冲力一次装夹完成,如图 6-25(a)所示。

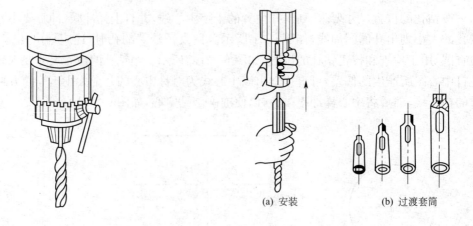

　　　　　　　　　　　　　　　　　　　　(a) 安装　　　(b) 过渡套筒

图 6-24　直柄麻花钻的夹持　　　　　　　图 6-25　锥柄麻花钻的安装

当麻花钻锥柄小于主轴锥孔时可加过渡套筒连接,如图 6-25(b)所示。拆卸套筒内的钻头和在钻床主轴上的钻头时,把斜铁敲入套筒或钻床主轴的腰形孔内,斜铁带圆弧的一边要放在上面,利用斜铁斜面的张紧分力,使钻头与套筒和主轴分离,如图 6-26 所示。

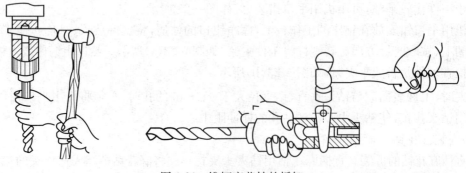

图 6-26　锥柄麻花钻的拆卸

（4）钻床转速的选择

本任务需用 $\phi 8.5$ mm 高速钢麻花钻钻钢件，根据表 6-3，加工钢件时取 $v = 22$ m/min，则 $n = 1\,000 v / (\pi d) = 1\,000 \times 22 / (3.14 \times 8.5) = 824$ r/min，取 824，即主轴转速取 824 r/min，启动电动机。因孔直径小于 30 mm，所以该孔一次钻出。

表 6-3 高速钢标准麻花钻的切削速度

加工材料	硬度 HB	切削速度 v（m/min）	加工材料	硬度 HB	切削速度 v（m/min）
低碳钢	110～160	27	可锻铸铁可锻铸铁	110～160	42
	>125～175	24		>160～200	25
	>175～225	21		>200～240	20
				>240～280	12
中、高碳钢	125～175	22	球墨铸铁	140～190	30
	>175～225	20		>190～225	21
	>225～275	15		>225～260	17
	>275～325	12		>260～300	12
合金钢	175～225	18	铸钢 低碳 中碳 高碳		25
	>225～275	15			18～24
	>275～325	12			15
	>325～375	10			
灰铸铁	100～140	33	铝合金、镁合金		75～90
	>140～190	27	铜合金		20～48
	>190～225	21	高速钢		13
	>220～260	15			
	>260～320	9			

（5）起钻

钻孔时，先使钻头对准钻孔中心，钻出一浅坑，观察钻孔位置是否正确，并要不断纠正，使起钻浅坑与划线圆同轴。校正时，如偏位较少，可在起钻的同时用力将工件向偏位的相同方向推移，达到逐步校正。如偏位较多，可在校正方向打几个中心样冲眼或用油槽錾錾出几条槽，以减少此处的切削阻力，达到校正的目的。无论用何种方法校正，都必须在锥坑外圆小于钻头直径之前完成，如图 6-27 所示。

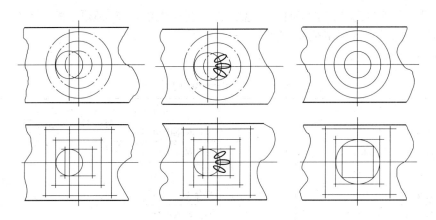

图 6-27 用油槽錾校正起钻偏位的孔

（6）手动进给钻孔

当起钻达到钻孔位置要求后，可夹紧工件完成钻孔，并用毛刷加注乳化液。手动进给操作钻孔时，进给力不宜过大，防止钻头发生弯曲，使孔歪斜。孔将要钻穿透时，进给力必须减小，以防止进给量突然过大，增大切削抗力，造成钻头折断或使工件随钻头转动造成事故。

为使钻头散热冷却，减少钻头与工件、切屑之间的摩擦，提高钻头寿命，改善加工表面的质量，钻孔时要加注足够的切削液。表 6-4 为钻各种材料孔时使用的切削液。

表 6-4　钻孔用切削液

工件材料	切削液
各类结构钢	3％～5％乳化液；7％硫化乳化液
不锈钢、耐热钢	3％肥皂加 2％亚麻油水溶液；硫化切削油
紫铜、黄铜、青铜	不用或 5％～8％乳化液
铸铁	不用；5％～8％乳化液；煤油
铝合金	不用；5％～8％乳化液；煤油；煤油与菜油的混合液
有机玻璃	5％～8％乳化液；煤油

（7）钻孔完毕，退出钻头，按上述方法完成其他两孔的加工。

（8）换 $\phi10$ mm 钻头，两边倒角 C_1（钻头顶角需磨成 $90°$）。

（9）关闭钻床电动机，卸下工件，按图样要求检查工件。

2. 注意事项

（1）严格遵守钻床操作规程，严禁戴手套操作。

（2）工件必须夹紧，特别在小工件上钻较大直径孔时装夹必须牢固，孔将钻穿时，要尽量减小进给力。

（3）开动钻床前，应检查是否有钻夹头钥匙或斜铁插在钻轴上。

（4）钻孔时不可用手和棉纱或用嘴吹来清除切屑，必须用手刷清除，钻出长条切屑时，要用钩子钩断后除去。

（5）操作者的头部不准与旋转着的主轴靠得太近，停车时应让主轴自然停止，不可用手刹住，也不能用反转制动。

（6）严禁在开车状态下装拆工件。检验工件和变换主轴转速，必须在停车状况下进行。

（7）清洁钻床或加注润滑油时，必须切断电源。

评分标准见表 6-5。

表 6-5　工件图 6-20 评分标准

序号	项目与技术要求	配分	评分标准	检测结果	得分
1	工件安装合理	5	不符合要求酌情扣分		
2	麻花钻安装正确	5	不符合要求酌情扣分		
3	选择钻床转速正确	10	不符合要求酌情扣分		
4	起钻及钻孔正确	10	不符合要求酌情扣分		
5	钻孔 $\phi8.5$ mm（3 处）	24	每处超差不得分		
6	孔距（30±0.1）mm（2 处）	16	每处超差不得分		

续上表

序号	项目与技术要求	配分	评分标准	检测结果	得分
7	对称度 0.1 mm(3 处)	12	每处超差不得分		
8	尺寸(27.5±0.5)mm	2	超差不得分		
9	倒角 C_1(6 处)	6	每处超差不得分		
10	安全文明操作	10	酌情扣分		

3. 钻孔误差分析

钻孔时容易出现的问题及产生的原因见表 6-6。

表 6-6　钻孔误差分析

出现问题	产生原因
孔大于规定尺寸	1. 钻头两切削刃长度不等，高低不一致； 2. 钻床主轴径向偏摆或工作台未锁紧有松动； 3. 钻头本身弯曲或装夹不好，使钻头有过大的径向跳动现象
孔壁粗糙	1. 钻头不锋利； 2. 进给量太大； 3. 切削液选用不当或供应不足； 4. 钻头过短、排屑槽堵塞
孔位偏移	1. 工件划线不正确； 2. 钻头横刃不长、定心不准，起钻过偏而没有校正
孔歪斜	1. 工件上与孔垂直的平面与主轴不垂直，或钻床主轴与台面不垂直； 2. 工件安装时安装接触面上的切屑未清除干净； 3. 工件装夹不牢，钻孔时产生歪斜或工件有砂眼； 4. 进给量过大使钻头产生弯曲变形
钻孔呈多角形	1. 钻头后角太大； 2. 钻头两主切削刃长短不一，角度不对称
钻头工作部分折断	1. 钻头用钝仍继续钻孔； 2. 钻孔时未经常退钻排屑，使切屑在钻头螺旋槽内阻塞； 3. 孔将钻通时没有减小进给量； 4. 进给量过大； 5. 工件未夹紧，钻孔时产生松动； 6. 在钻黄铜一类软金属时，钻头后角太大，前角又没有修磨小造成扎刀
切削刃迅速磨损或破裂	1. 切削速度太高； 2. 没有根据工件的内部硬度来磨钻头角度； 3. 工作表面或内部硬度不均或有砂眼； 4. 进给量过大； 5. 切削液不足

1. 扩孔与锪孔

（1）扩孔

用扩孔钻对工件上已有孔进行扩大加工的方法，称为扩孔，如图 6-28 所示。

扩孔时背吃刀量 a_p 为：

$$a_p = \frac{D-d}{2}$$

式中　D—— 扩孔后孔的直径，mm；

　　　d—— 扩孔前孔的直径，mm。

1）扩孔的特点

① 扩钻无横刃，避免了横刃切削所引起的不良影响。

② 背吃刀量较小，切屑易排出，不易擦伤已加工面。

③ 扩孔钻强度高、齿数多，导向性好，切削稳定，可使用较大切削用量（进给量一般为钻孔的 1.5～2 倍，切削速度约为钻孔的 1/2），提高了生产效率。

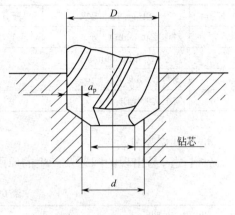

图 6-28　扩孔

④ 加工质量较高。一般公差等级可达 IT10～IT9，表面粗糙度可达 $Ra12.5～3.2\ \mu m$。

2）扩孔注意事项

① 扩孔钻多用于成批大量生产。小批量生产常用麻花钻代替扩孔钻使用，此时，应适当减小钻头前角，以防止扩孔时扎刀。

② 用麻花钻扩孔，扩孔前孔的直径为所需孔径的 0.5～0.7 倍；用扩孔钻扩孔，扩孔前孔的直径为所需孔径的 0.9 倍。

③ 钻孔后，在不改变钻头与机床主轴相互位置的情况下，应立即换上扩孔钻进行扩孔，使钻头与扩孔钻的中心重合，保证加工质量。

2. 锪孔

用锪钻在孔口表面加工出一定形状的孔或表面的方法，称为锪孔。可分为锪圆柱沉孔，锪圆锥形沉孔和锪平面等几种形式，如图 6-29 所示。锪孔时刀具容易产生振动，使所锪的端面或锥面出现振痕，特别是使用麻花钻改制的锪钻，振痕更为严重。因此，在锪孔时应注意以下几点：

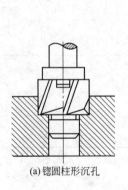 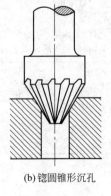 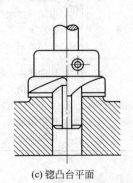

(a) 锪圆柱形沉孔　　　　(b) 锪圆锥形沉孔　　　　(c) 锪凸台平面

图 6-29　锪孔

（1）锪孔时的进给量为钻孔的 2～3 倍，切削速度为钻孔的 1/3～1/2。精锪时可利用停车后的主轴惯性来锪孔，以减少振动而获得光滑表面。

（2）使用麻花钻改制后的锪钻时，尽量选用较短的钻头，并适当减小后角和外缘处前角，以防止扎刀和减少振动。

（3）锪钢件时，应在导柱和切削表面加切削液润滑。

任务 3　铰　　孔

预备知识　用铰刀从工件孔壁上切除微量金属层，以提高其尺寸精度和降低表面粗糙度的方法，称为铰孔。由于铰刀的刀齿数量多，切削余量小，故切削阻力小，导向性好，加工精度高，一般可达 IT9～IT7 级，表面粗糙度可达 $Ra1.6\ \mu m$。

1. 铰刀的结构

铰刀由柄部、颈部和工作部分组成，如图 6-30 所示。

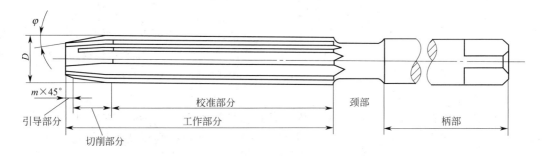

图 6-30　铰刀

（1）柄部用来夹持和传递扭矩，有锥柄、直柄和方榫柄三种。

（2）工作部分由引导部分、切削部分、校准部分和倒锥部分组成。引导部分可引导铰刀头部进入孔内，其导向角一般为 45°；切削部分担负切去铰孔余量的任务；校准部分有棱边，起定向、修光孔壁、保证铰刀直径和便于测量等作用；倒锥部分可以减小铰刀和孔壁的摩擦。铰刀齿数一般为 4～8 齿，为测量直径方便，多采用偶数齿。

2. 铰刀的种类

（1）整体圆柱铰刀

主要用来铰削标准直径系列的孔，分为手用和机用两种。如图 6-31(a)所示为手用铰刀，机用铰刀工作时靠机床带动，为制造方便，都做成等距分布刀齿，如图 6-31(b)所示。

（2）锥铰刀

锥铰刀如图 6-31(c)所示，用于铰削圆锥孔。常用的锥铰刀有以下几种：

1）1∶50 锥铰刀，用来铰削圆锥定位销孔。

2）1∶10 锥铰刀，用来铰削联轴器上的锥孔。

3）莫氏锥铰刀，用来铰削 0～6 号莫氏锥孔，其锥度近似于 1∶20。

4）1∶30 锥铰刀，用来铰削套式刀具上的锥孔。

用锥铰刀铰孔，加工余量大，整个刀齿都作为切削刃进入切削，负荷重，因此，每进刀 2～

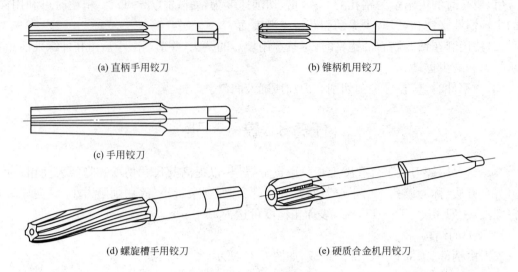

(a) 直柄手用铰刀　　　　　　　　　　(b) 锥柄机用铰刀

(c) 手用铰刀

(d) 螺旋槽手用铰刀　　　　　　　　　(e) 硬质合金机用铰刀

图 6-31　铰刀的种类

3 mm应将铰刀取出一次，以清除切屑。1∶10 锥孔和莫氏锥孔的锥度大，加工余量就更大，为使铰孔省力，这类铰刀一般制成 2～3 把为一套，其中一把是精铰刀，其余是粗铰刀。粗铰刀的刀刃上开有螺旋形分布的分屑槽，以减轻切削负荷，如图 6-31(d)所示。

（3）硬质合金机用铰刀

在高速铰削和铰削硬材料时，常采用硬质合金机用铰刀如图 6-31(e)所示，其结构采用镶片式。硬质合金铰刀刀片有 YG 类和 YT 类两种。YG 类适合铰削铸铁类材料，YT 类适合铰削钢类材料。

3. 铰削切削用量

铰削用量包括铰削余量（$2a_p$）、切削速度（v）和进给量（f）。

（1）铰削余量（$2a_p$）

铰削余量是指上道工序（钻孔或扩孔）完成后留下的直径方向的加工余量。铰削余量不宜过大，因为铰削余量过大，会使刀齿切削负荷增大，变形增大，切削热增加，被加工表面呈现撕裂状态，致使尺寸精度降低，表面粗糙度值增大，同时加剧铰刀磨损。

铰削余量也不宜太小，否则，上道工序的残留变形难以纠正，原有刀痕不能去除，铰削质量达不到要求。

选择铰削余量时，应考虑到孔径大小、材料软硬、尺寸精度、表面粗糙度要求及铰刀类型等因素的综合影响。用普通标准高速钢铰刀铰孔时，可参考表 6-7 选取。

表 6-7　铰削余量

铰刀直径(mm)	铰削余量(mm)	铰刀直径(mm)	铰削余量(mm)
6	0.05～0.1	>18～30	一次铰:0.2～0.3 两次铰精铰:0.1～0.15
>6～18	一次铰:0.1～0.2 两次铰精铰:0.1～0.15	>30～50	一次铰:0.3～0.4 两次铰精铰:0.15～0.25

此外,铰削余量的确定,与上道工序的加工质量有直接关系。对铰削前预加工孔出现的弯曲、锥度、椭圆和不光洁等缺陷,应有一定限制。铰削精度较高的孔,必须经过扩孔或粗铰,才能保证最后的铰孔质量。所以确定铰削余量时,还要考虑铰孔的加工工艺过程。

(2)机铰切削速度(v)

为了得到较小的表面粗糙度值,必须避免产生刀瘤,减少切削热及变形,因而应采取较小的切削速度。用高速钢铰刀铰钢件时,$v=4\sim8$ m/min;铰铸铁件时,$v=6\sim8$ m/min;铰铜件时,$v=8\sim12$ m/min。

(3)机铰进给量(f)

进给量要适当,若过大,铰刀易磨损,也影响加工质量;若过小,则很难切下金属材料,并会对材料挤压,使其产生塑性变形和表面硬化,最后形成刀刃会撕去大片切屑,使表面粗糙度增大,并加快铰刀磨损。

机铰钢件及铸铁件时,$f=0.5\sim1$ mm/r;机铰铜和铝件时,$f=1\sim1.2$ mm/r。

4. 铰孔时的冷却润滑

铰削的切屑细碎且易黏附在刀刃上,甚至挤在孔壁与铰刀之间,而刮伤表面,扩大孔径。铰削时必须用适当的切削液冲掉切屑,减少摩擦,并降低工件和铰刀温度,防止产生刀瘤。切削液选用时参考表6-8。

表6-8 铰孔时的切削液

加 工 材 料	切 削 液
钢	1. 10%～20%乳化液; 2. 铰孔要求高时,采用30%菜油加70%肥皂水; 3. 铰孔要求更高时,可采用茶油、柴油、猪油等
铸铁	1. 煤油(但会引起孔径缩小,最大收缩量0.02～0.4 mm); 2. 低浓度乳化液; 3. 也可不用
铝	煤油
铜	乳化液

1. 准备工作

(1)材料:尺寸60 mm×40 mm×25 mm的HT150材料一件。

(2)刀具、量具及设备:$\phi5.8$、$\phi7.8$、$\phi9.8$钻头,$\phi8$H7、$\phi10$H7圆柱手铰刀,$\phi6$锥铰刀(1:50),游标卡尺,90°角尺,相应的圆柱销、圆锥销及钻床、切削液等。

2. 任务分析

图6-32中所示零件,孔尺寸精度要求较高,一般的钻孔达不到图纸精度要求。因此需要通过铰孔的方式来加工。操作步骤为:划线—装夹工件—钻底孔—铰孔—检验。

3. 操作步骤

(1)在实习工件上按图样尺寸要求划出各孔位置加工线。

(2)钻各孔。考虑应有的铰孔余量,选定各孔铰孔前的钻头规格,刃磨、试钻,得到正确尺

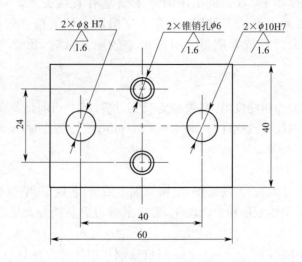

图 6-32 铰孔工件

寸后按图钻孔,并对孔口进行 $0.5 \times 45°$ 倒角。

(3)铰各圆柱孔,用相应的圆柱销、圆锥销配检。

1)手铰起铰时,右手通过铰孔轴心线施加进刀压力,左手转动铰杠(图 6-33),两手用力应均匀、平稳,不得有侧向压力,同时适当加压,使铰刀均匀前进。

2)铰孔完毕时,铰刀不能反转退出,防止刃口磨钝,以及切屑嵌入刀具后刀面与孔壁之间而将孔壁划伤。

3)机铰时,应使工件在一次装夹中进行钻、铰工作(图 6-34),保证铰孔中心线与钻孔中心线一致。铰削结束,铰刀退出后再停机,防止孔壁拉伤。

(4)铰锥销孔,先按小端直径钻孔(留出铰孔余量),再用锥度铰刀铰削即可;用锥销试(图 6-35),锥孔大端孔径大小以锥销长度的 80% 左右能自由插入为宜,装配后销子大头以稍微露出或与连接表面平齐为宜。

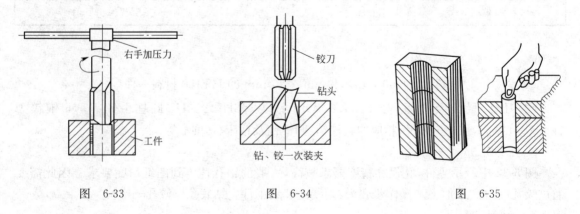

图 6-33   图 6-34   图 6-35

4. 铰孔误差分析

铰孔时,可能出现的问题和产生的原因见表 6-9。

表 6-9　铰孔误差分析

出 现 问 题	产 生 原 因
表面粗糙度 达不到要求	1. 铰刀刃口不锋利或崩裂,铰刀切削部分和校准部分不光洁; 2. 切削刃上黏有积屑瘤,容屑槽内切屑黏积过多; 3. 铰削余量太大或太小; 4. 切削速度太高,以致产生积屑瘤; 5. 铰刀退出时反转,手铰时铰刀旋转不平稳; 6. 切削液不充足或选择不当; 7. 铰刀偏摆过大
孔径扩大	1. 铰刀与孔的中心不重合,铰刀偏摆过大; 2. 进给量和铰削余量太大; 3. 切削速度太高,使铰刀温度上升,直径增大; 4. 操作粗心(未仔细检查铰刀直径和铰孔直径)
孔径缩小	1. 铰刀超过磨损标准,尺寸变小仍继续使用; 2. 铰刀磨钝后还继续使用,造成孔径过度收缩; 3. 铰钢料时加工余量太大,铰好后内孔弹性复原而孔径缩小; 4. 铰铸铁时加了煤油
孔中心不直	1. 铰孔前的预加工孔不直,铰小孔时由于铰刀刚度差而未能使原有的弯曲程度得到纠正; 2. 铰刀的切削锥角太大,导向不良,使铰削时方向发生偏歪; 3. 手铰时,两手用力不匀
孔呈多棱形	1. 铰削余量太大或铰孔刀刀刃不锋利,使铰削时发生"啃切"现象,发生振动而出现多棱形; 2. 钻孔不圆,使铰孔时铰刀发生弹跳现象; 3. 钻床主轴振摆太大

5. 注意事项

(1)铰刀是精加工刀具,刀刃较锋利,刀刃上如有毛刺或切屑黏附,不可用手清除,应用油石小心地磨去。

(2)铰削通孔时,防止铰刀掉落造成损坏。

评分标准见表 6-10。

表 6-10　工件图 6-32 评分标准

序号	项目与技术要求	配分	评分标准	检测结果	得分
1	铰刀选择	10	选错全扣		
2	铰削姿势及方法	20	不正确扣10分		
3	孔径(4处)	40	一处不合格扣10分		
4	表面粗糙度 Ra1.6 μm(4处)	20	一处不合格扣5分		
5	安全文明操作	10	酌情扣分		

知识扩展

1. 孔加工方案

要满足孔表面的设计要求,只用一种加工方法一般是达不到的,实际生产中往往由几种加工方法顺序组合,即选用合理的加工方案。

选择孔的加工方案时,一般应考虑工作材料、热处理要求、孔的加工精度和表面粗糙度以及生产条件等因素。具体选择见表 6-11。

表 6-11 孔加工方案

序号	加工方案	精度等级	表面粗糙度 Ra (μm)	适用范围
1	钻	IT12～IT11	12.5	加工未淬火钢、铸铁的实心毛坯及有色金属,孔径小于 20 mm
2	钻—铰	IT9～IT8	3.2～1.6	
3	钻—粗铰—精铰	IT8～IT7	1.6～0.8	
4	钻—扩	IT11～IT10	12.5～6.3	加工未淬火钢、铸铁的实心毛坯及有色金属,孔径大于 20 mm
5	钻—扩—铰	IT9～IT8	3.2～1.6	
6	钻—扩—粗铰—精铰	IT7	1.6～0.8	
7	钻—扩—机铰—手铰	IT7～IT6	0.4～0.1	

2. 孔加工复合刀具

孔加工复合刀具是由两把或两把以上同类或不同类的孔加工刀具组合成一体,同时或按先后顺序完成不同工步加工的刀具。应用孔加工复合刀具使工序集中,节省基本和辅助时间,容易保证各加工表面间的位置精度,因而可以提高生产率,降低成本。

按工艺类型,孔加工复合刀具可分为同类工艺复合刀具和不同类工艺复合刀具两种,如图 6-36 和图 6-37 所示。

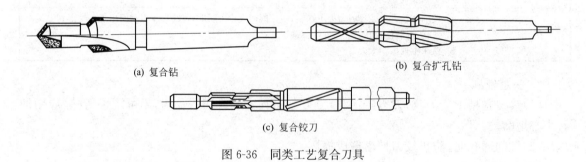

(a) 复合钻　　　　　　　　　　　(b) 复合扩孔钻

(c) 复合铰刀

图 6-36　同类工艺复合刀具

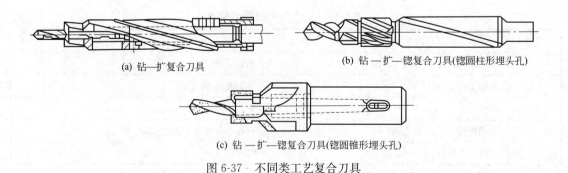

(a) 钻—扩复合刀具　　　　　　(b) 钻—扩—锪复合刀具(锪圆柱形埋头孔)

(c) 钻—扩—锪复合刀具(锪圆锥形埋头孔)

图 6-37　不同类工艺复合刀具

任务 4　螺 纹 加 工

攻螺纹是用丝锥在工件孔中切削出内螺纹的加工方法。钳工加工的螺纹多为三角螺纹,作为连接使用。

1. 攻螺纹工具

（1）丝锥

丝锥一般分为手用丝锥和机用丝锥两种。手用丝锥是用合金工具钢 9SiCr 或轴承钢 GCr9 经滚牙、淬火、回火制成的；机用丝锥则都用高速钢制造。

丝锥由工作部分和柄部组成，其中工作部分由切削部分和校准部分组成，如图 6-38 所示。

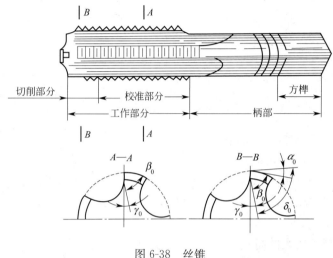

图 6-38　丝锥

切削部分是指丝锥前部的圆锥部分，有锋利的切削刃，起主要切削作用。不仅工作省力，不易产生崩刃，而且引导作用良好，并能保证螺孔的表面粗糙度；校准部分具有完整的牙型，用来修光和校准已切出的螺纹，并起导向作用，是丝锥的备磨部分；丝锥柄部为方头，是丝锥的夹持部位，起传递转矩及轴向力的作用。

丝锥有 3～4 条容屑槽，并形成切削刃和前角。为了制造和刃磨方便，丝锥上容屑槽一般做成直槽。有些专用丝锥为了控制排屑方法，做成螺旋槽。螺旋槽丝锥有左旋和右旋之分，加工通孔螺纹，为使切屑向上排出，容屑槽做成左旋槽。

每种型号的丝锥一般由两支和三支组成一套，分别称为头锥、二锥和三锥。成套丝锥分几次切削，依次分担切削量，以减免每支丝锥单齿切削负荷。通常 M6～M24 丝锥每组有两支，称为头锥、二锥；M6 以下及 M24 以上的丝锥每组有 3 支，称为头锥、二锥、三锥，攻螺纹时，依次使用；细牙螺纹丝锥为两支一组。

（2）铰杠

铰杠是手工攻螺纹时用来夹丝锥的工具，分普通铰杠和丁字铰杠两类，如图 6-39 所示。每类铰杠都有固定式、可调式、丁字式。

固定式铰杠用于 M5 以下的丝锥；可调式铰杠用于 M6 以上丝锥；丁字式铰杠适于在高凸旁边或箱体内部攻螺纹。铰杠的方孔尺寸和柄的长度都有一定的规格，使用时按丝锥尺寸大小，由表 6-12 中合理选择。

表 6-12　可调铰杠使用范围

铰杠规格(mm)	150	225	275	375	475	600
适用丝锥	M5～M8	＞M8～M12	＞M12～M14	＞M14～M16	＞M16～M22	M24 以上

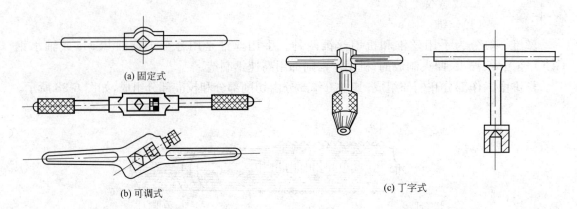

(a) 固定式

(b) 可调式

(c) 丁字式

图 6-39　铰杠

2. 攻螺纹前底孔直径与孔深的确定

(1)底孔直径的确定

攻螺纹时有较强的挤压作用,金属产生塑性变形而形成凸起挤向牙尖。因此,攻螺纹前的底孔直径应略大于螺纹小径。螺纹底孔直径的大小应考虑工件材质,可以按经验公式确定。

螺纹底孔直径:

1)加工钢件或塑性较大的材料:

$$d = D - P$$

式中　d——螺纹底孔用钻头直径,mm;

　　　D——螺纹大径,mm;

　　　P——螺距,mm。

2)加工铸铁或塑性较小的材料:

$$d = D - (1.05 \sim 1.1)P$$

(2)底孔深度的确定

为了保证螺纹的有效工作长度,钻螺纹底孔时,螺纹底孔的深度公式为:

$$H = h + 0.7D$$

式中　h——螺纹的有效长度,mm;

　　　H——螺纹底孔深度,mm;

　　　D——螺纹大径,mm。

1. 准备工作

(1)材料:尺寸 30 mm×30 mm×15 mm 的 45 钢板一件。

(2)工具、量具:90°角尺、游标卡尺、$\phi 10$ mm、$\phi 20$ mm 的钻头各一支、平口钳、M12 的手用头攻丝锥和二攻丝锥、铰杠、M12 的标准螺钉等。

(3)划线工具:游标高度尺、V 形架、样冲、划规、划线平台。

2. 任务分析

用手用丝锥在如图 6-40 所示的工件上攻螺纹,达到图样要求。工件材料为 45 钢,单件工时 40 min，螺母工件的螺纹是分布在工件的内孔表面，根据其特点，此项操作属于内螺纹加工，完成攻螺纹需要以下几个操作步骤：划线—装夹工件—钻底孔—加工螺纹。

3. 操作步骤

（1）划钻孔加工线

用游标高度尺划出图样中 30 mm 尺寸方向的两条中心线，其交点即底孔的中心。用样冲在中心处冲点，并用圆规划出 φ10 的圆和半径小于 R5 的两个不同的同心圆，如图 6-41 所示。

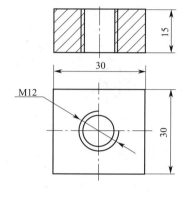

图 6-40　攻螺纹工件

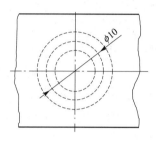

图 6-41　钻孔划线

（2）工件的装夹

将划好线的工件用木垫垫好，使其上表面处于水平面内，夹紧在立钻工作台的平口钳上。

（3）钻底孔并倒角

M12 螺纹底孔直径是 10 mm。将刃磨好的 φ10 mm 钻头装夹在立钻钻夹头上，起钻后边钻孔边调整位置，用划好的同心圆限定边界，直到位置正确后钻出底孔，钻通后，换 φ20 钻头对两面孔口进行倒角，用游标卡尺检查孔的尺寸。

（4）加工螺纹

将钻好孔的工件夹紧在台虎钳上，使工件上表面处于水平。选 225 mm 的可调铰杠，将头锥装紧在铰杠上。将丝锥垂直放入孔中，一手施加压力，一手转动铰杠，如图 6-42 所示。当丝锥进入工件 1～2 牙时，用 90°角尺在两个相互垂直的平面内检查和矫正，如图 6-43 所示。当丝锥进入 3～4 牙时，丝锥的位置要正确无误。之后转动铰杠，使丝锥自然旋入工件，并不断反转断屑，直至攻通，如图 6-44 所示。然后，自然反转，退出丝锥。再用二锥对螺孔进行一次清理。最后用 M12 的标准螺钉检查螺孔，以自然顺畅旋入螺孔为宜。

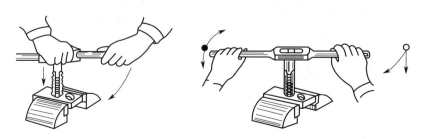

图 6-42　起攻方法

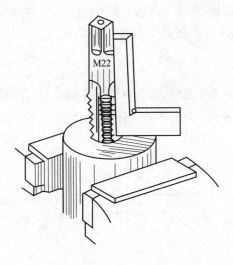

图 6-43 检测

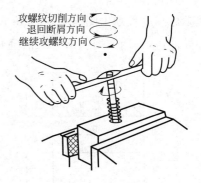

攻螺纹切削方向
退回断屑方向
继续攻螺纹方向

图 6-44 攻螺纹方法

注意事项：

1)选择合适的铰杠长度,以免转矩过大,折断丝锥。

2)正常攻螺纹阶段,双手作用在铰杠上的力要平衡。切忌用力过猛或左右晃动,造成孔口乱牙。每正转 1/2～1 圈时,应将丝锥反转 1/4～1/2 圈,将切屑切断排出。加工盲孔时更要如此。

3)转动铰杠感觉吃力时,不能强行转动,应退出头锥,换用二锥,如此交替进行。

4)攻不通螺孔时,可在丝锥上做好深度标记,并要经常退出丝锥,清除留在孔内的切屑。当工件不便倒向清屑时,可用磁性针棒吸出切屑或用弯的管子吹去切屑。

5)攻钢料等韧性材料工件时,加机油润滑可使螺纹光洁,并能延长丝锥寿命;对铸铁件,通常不加润滑油。

4．攻螺纹误差分析

攻螺纹时可能出现的问题及防止措施见表 6-13。评分标准见表 6-14。

表 6-13 攻螺纹误差分析

出现问题	产 生 原 因	防 止 措 施
螺纹乱扣	1. 底孔直径太小,丝锥不易切入,造成孔口乱牙; 2. 攻二锥时,未先用手把丝锥旋入孔内,直接用铰杠施力攻削; 3. 丝锥磨钝,不锋利; 4. 螺纹歪斜过多,用丝锥强行纠正; 5. 攻螺纹时,丝锥未经常倒转	1. 根据加工材料,选择合适的底孔直径钻头; 2. 先用手旋入二锥,再用铰杠攻入; 3. 刃磨丝锥; 4. 开始攻入时,两手用力要均匀,注意检查丝锥与螺孔端面的垂直度; 5. 多倒转丝锥,使切屑碎断
螺纹歪斜	1. 丝锥与螺纹端面不垂直; 2. 攻螺纹时,两手用力不均匀	1. 丝锥开始切入时,注意丝锥与螺孔端面保持垂直; 2. 两手用力要均匀
螺纹牙深不够	1. 底孔直径太大; 2. 丝锥磨损	1. 正确选择底孔直径; 2. 刃磨丝锥

续上表

出现问题	产 生 原 因	防 止 措 施
螺纹表面粗糙	1. 丝锥前、后面及容屑槽粗糙； 2. 丝锥不锋利，磨钝； 3. 攻螺纹时丝锥未经常倒转； 4. 未用合适的切削液； 5. 丝锥前、后角太小	1. 刃磨丝锥； 2. 刃磨丝锥； 3. 多倒转丝锥，改善排屑； 4. 选择合适的切削液； 5. 磨大前、后角

表 6-14　工件图 6-45 评分标准

序号	项目与技术要求	配分	评 分 标 准	检测结果	得分
1	工件装夹方法正确(2 次)	10	不符合要求酌情扣分		
2	工、量具安放位置正确，排列整齐	10	不符合要求酌情扣分		
3	立钻操作正确	10	折断钻头扣 5 分，其余酌情扣分		
4	ϕ10.2 mm 孔尺寸	20	每超差 0.1 mm 扣 5 分		
5	攻螺纹过程自然协调	20	折断丝锥扣 10 分，其余酌情扣分		
6	M12 尺寸与表面质量	20	总体评定，酌情扣分		
7	安全文明操作	10	酌情扣分		

知识扩展

1. 丝锥刃磨方法

当丝锥的切削部分磨损时，可以修磨其后刀面，如图 6-45 所示。修磨时要注意保持各刀瓣的半锥角 ϕ 及切削部分长度的准确性和一致性。转动丝锥时要留心，不要使另一刀瓣的刀齿碰擦而磨坏。

当丝锥的校正部分有显著磨损时，可用棱角修圆的片状砂轮修磨其前刀面，如图 6-46 所示，并控制好一定的前角 γ_0。

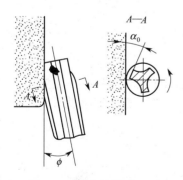
图 6-45　修磨丝锥后刀面

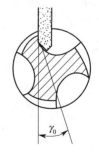
图 6-46　修磨丝锥前刀面

2. 套螺纹

用圆板牙在外圆柱面上(或外圆锥面)切削出外螺纹的加工方法，称为套螺纹。

(1)套螺纹工具

套螺纹所用的工具是圆板牙和圆板牙铰杠。

1)圆板牙。圆板牙是加工外螺纹的刀具，它用合金工具钢或高速钢制作并淬火处理。圆板牙有封闭式和开槽式(可调式)两种结构，如图 6-47 所示。

圆板牙的结构如图 6-48 所示,由切削部分、校准部分和排屑孔组成。圆板牙本身就像一个圆螺母,只是在它上面钻有 3～5 个排屑孔(容屑槽),并形成切削刃。

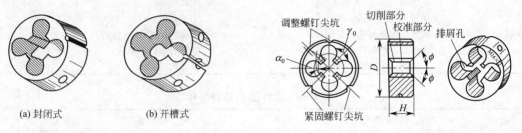

(a) 封闭式　　　　　(b) 开槽式

图 6-47　圆板牙

图 6-48　圆板牙的结构

2)圆板牙铰杠。圆板牙铰杠是装夹圆板牙的工具,如图 6-49 所示。圆板牙放入后,用螺钉紧固。

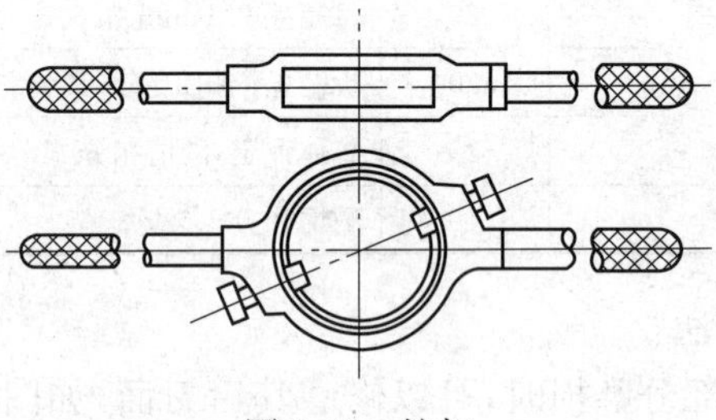

图 6-49　铰杠

(2)套螺纹前圆杆直径的确定

套螺纹时圆杆直径应略小于螺纹大径,圆杆尺寸根据下式确定:

$$d = D - 0.13P$$

式中　d——圆杆直径,mm;

　　　D——螺纹大径,mm;

　　　P——螺距,mm。

(3)套螺纹方法

工件装夹要端正、牢固,套螺纹时的切削力矩较大,且工件都为圆杆,一般要用 V 形架或黄铜衬垫,才能保证工件的可靠夹紧。工件伸出钳口的长度在不影响螺纹要求长度的前提下,应尽量短些。圆杆端部需要倒 15°～20°锥角,使圆板牙容易对准工件和切入材料,如图 6-50 所示。

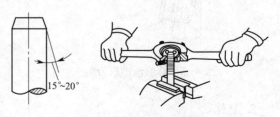

套螺纹方法与攻螺纹起攻方法一样,一只手掌按住铰杠中部,沿圆杆轴向施加压力,另一只手做顺向旋进,转动要慢,压力要大,并保证圆板牙端面与圆杆轴线的垂直度要求。圆板牙切入圆杆 2～3 牙时,应及时检查其垂直度误差并做准确校正。

15°～20°

图 6-50　圆杆倒角与套螺纹

套螺纹入头完成时,不要加压,让圆板牙自然切进,以免损坏螺纹和圆板牙,并要经常倒转断屑。

套螺纹完成后,逆向旋出即可。

在钢件上套螺纹时,如手感较紧,应及时退出,清理切屑后再进行,并加切削液或用机油润滑,要求较高时可用菜油或二硫化钼。

1. 怎样在斜面上钻孔?

2. 钻孔怎样选择钻床的转速?

3. 铰削余量为什么不能太大或太小? 应怎样选择?

4. 简述整体圆柱手用铰刀的各部分名称和作用。

5. 在六角螺母上攻螺纹 M20。

6. 在钢件上攻 M10×30 mm 的不通螺孔,计算底孔直径及钻孔深度,并简述攻不通孔的操作方法。

项目七 刮削与研磨

如图 7-1 所示，用手工刮刀刮除工件表面薄层而达到精度要求的方法称为刮削。刮削后的工件表面，组织致密、精度较高、润滑性好，因此，机床导轨、滑板、滑座、滑动轴承以及部分工具、量具的接触表面常用刮削加工。研磨是用研磨工具和研磨剂从工件表面研去一层极薄金属层的加工方法，如图 7-2 所示。研磨可使零件获得很高的尺寸精度、形状精度和极小的表面粗糙度。

图 7-1　刮削加工

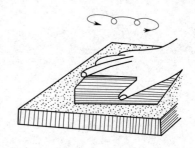

图 7-2　研磨加工

任务 1　刮　　削

1. 刮削的原理

　刮削时把显示剂涂在工件或校准工具的表面，然后相互配合推研，可使工件被刮削表面较高的部位直观显现出来，用刮刀即可准确定位，刮去突出点的金属。因刮削行程中的切削量和切削力较小，切削热及切削变形很少，经过反复多次推研、刮削，可使工件达到所要求的尺寸精度、形状精度、接触精度和较小的表面粗糙度值。

刮削后的工件表面，受刮刀负前角切削的推挤和压光作用，组织致密，表面粗糙度值很小，且均布大量刮削过程中形成的微小凹坑，在运动配合中可以容纳润滑油，具有良好的润滑性，在保证高精度的同时可显著延长零件使用寿命。同时，排列整齐的刮花也具有一定的装饰作用。

刮削劳动强度很大，生产效率低，不利于批量生产。在规模生产中，机床导轨一般先用导轨磨床加工,再进行刮削,既可保证质量,也显著降低了成本。

2. 刮削工具

(1)刮刀

刮刀有平面刮刀和曲面刮刀两种,可根据零件加工表面形状来合理选用。如图 7-3(a)所示为平面刮刀,适用于平面刮削,也可用来刮削外曲面。曲面刮刀主要用来刮削内曲面(如轴瓦类零件),如图 7-3(b)所示。

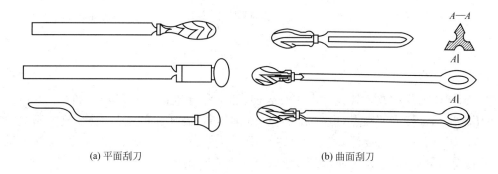

(a) 平面刮刀　　　　　　　　　　　　　　(b) 曲面刮刀

图 7-3　刮刀

在刮削过程的不同阶段,刮刀有时需根据工序多次刃磨,以获得相应的头部形状和几何角度,平面刮刀不同刮削阶段的头部形状和几何角度要求如图 7-4 所示。

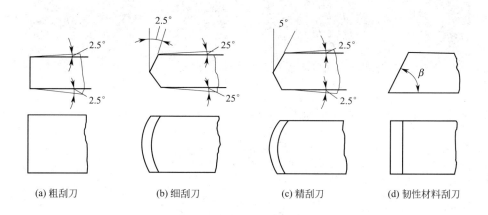

(a) 粗刮刀　　　　(b) 细刮刀　　　　(c) 精刮刀　　　　(d) 韧性材料刮刀

图 7-4　平面刮刀的头部形状和几何角度

(2)校准工具和显示剂

校准工具和显示剂用于互研显点和准确度检验,根据需要,工件既可以和校准工具互研,也可以和配合工件互研。如图 7-5 所示,常用的校准工具有标准平板、标准直尺和角度直尺等,对于曲面刮削常用检验轴或配合件校准互研。显示剂目前大多采用红丹粉和蓝油。红丹粉主要用于铸铁或钢件的刮削,分为铅丹(氧化铅)、铁丹(氧化铁)两种,前者呈橘红色,后者呈橘黄色,使用时用机油调和。蓝油适用于精密工件、有色金属及合金的刮削,用蓝粉和蓖麻油调制。

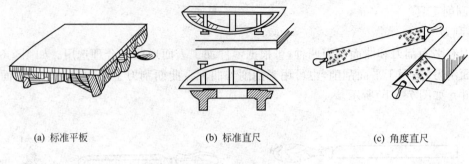

(a) 标准平板   (b) 标准直尺   (c) 角度直尺

图 7-5　校准工具

3. 显点

把显示剂均匀涂抹在工件或校准工具表面，然后相互推研，即可显点，如图 7-6 所示。显点既可用来指示零件表面高点，也可用来检验刮削质量，高质量的刮削表面，显点密集、均布、大小一致。工件在推研时要注意压力均匀，如图 7-7 所示，要充分考虑零件及校准工具的形状、尺寸和受力影响，尽量避免显示失真。

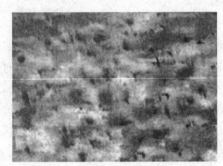

(a) 推研前的零件表面   (b) 推研后的零件表面

图 7-6　显点

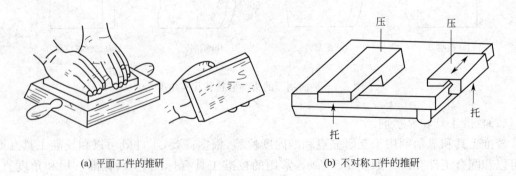

(a) 平面工件的推研   (b) 不对称工件的推研

图 7-7　推研

4. 刮削方法和姿势

刮削方法和姿势要根据被刮削面的形状、位置和精度灵活选择，平面刮削常用的方法和姿势有挺刮法和手刮法两种。

挺刮时将刀柄顶在小腹右下侧,双手握刀离刃口约 80 mm 处(左手在前,右手在后)。刮削时,左手下压落刀要轻,利用腿和臀部力量使刮刀向前推挤,双手引导刮刀前进。在推挤后的瞬间,双手将刮刀提起,完成刮削动作,如图 7-8(a)所示。

手刮时用右手握刀柄,左手在距刀刃约 50 mm 处握住刀杆,刮刀与被刮削表面成 25°～30°角。同时,左脚前跨一步,上身向前倾。刮削时,右臂利用上身摆动向前推,左手向下压,并引导刮刀运动方向,在下压推挤的瞬间迅速抬起刮刀,完成刮削动作。这种方法灵活性大,但切削量小,易于疲劳。手刮法如图 7-8(b)所示。

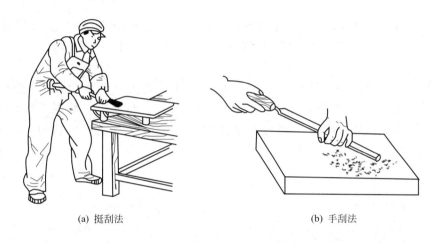

(a) 挺刮法　　　　　　　　　　　　　　(b) 手刮法

图 7-8　刮削方法和姿势

操作实习 刮削图 7-9 六面体工件平面度、平行度刮削
要求:1)刮削接触点 20 点/25 mm×25 mm。
2)平面度、平行度按图 7-9 要求。

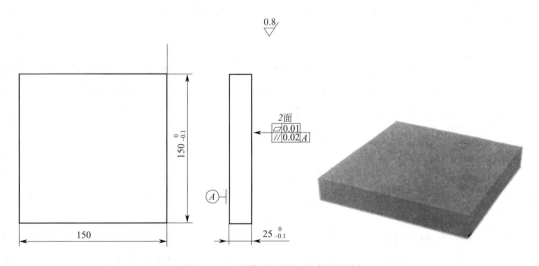

图 7-9　六面体平行度、垂直度刮削

1. 选用刮刀、显色剂和校准工具

该工件刮削表面为上下两较大平面,材料为 HT200,选用平面刮刀;显色剂选择红丹粉和机油调制;校准工具选择为大于该工件尺寸的 1 级标准平板。

2. 刮削基准平面

该工件加工面较大,但形状简单,易于装夹固定,所以采用挺刮法为主,在精刮工序中,亦可辅以手刮。工件两加工面可互为基准,所以选择尺寸形位误差较小的一个平面先进行基准面刮削。基准面刮削质量一般采用显点来检验,如图 7-10(a)所示。刮削分粗、细、精和刮花 4 个阶段进行,直至符合平面度、表面粗糙度和接触点要求。

(1)粗刮

粗刮可采用连续推铲的方法,刀迹要连成一片。粗刮能很快地去除刀痕、锈斑或过多的余量。当粗刮到每 25 mm×25 mm 的方框内有 2～3 个研点时,可转入细刮。

(2)细刮

细刮时,采用细刮刀短刮法,在刮削面上刮去稀疏的大块研点(俗称破点)。细刮刀痕宽而短,刀迹长度均为刀刃宽度,随研点的增多,刀迹逐步缩短。如图 7-10(b)所示,每刮一遍时,须按同一方向刮削(一般与平面棱边成一定角度);刮第二遍时,要交叉刮削,以消除原方向刀痕。在整个刮削面上研点达到(12～16)点/(25 mm×25 mm)时,细刮结束。

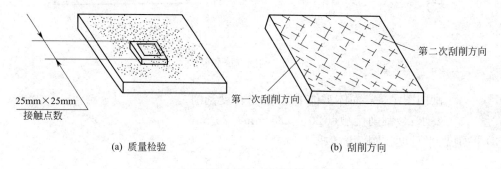

(a) 质量检验　　　　　　　　　　(b) 刮削方向

图 7-10　刮削过程中的质量检验和刮削方向

(3)精刮

精刮时,采用精刮刀点刮法(刀迹长度约为 5 mm),更仔细地刮削研点(俗称摘点),注意压力要轻,提刀要快,在每个研点上只刮一刀,不得重复刮削,并始终交叉地进行刮削。当研点增加到 20 点/(25 mm×25 mm)时,精刮结束。

注意:单位面积内研点显示点数越多,越均匀,表面质量越高。

(4)刮花

最后用刮刀在工件表面刮出装饰性花纹。常见的刮花如图 7-11 所示。刮花的目的是使刮削面美观,并使滑动件之间有良好的润滑条件。在该任务基准面刮花工序中,选择斜纹花刮削。

3. 刮削基准面的平行面

基准面的平行面的刮削工序和基准面刮削类似,但在刮削过程中要保证两平面的平行度要求。两平面平行度用百分表检验,如图 7-12 所示。

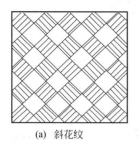
(a)　斜花纹

(b)　鱼鳞花

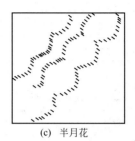
(c)　半月花

图 7-11　刮花花纹

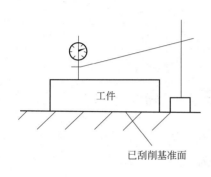

图 7-12　百分表检验平行度

（1）先用百分表测量该面对基准面的平行度误差，以确定粗刮时的刮削部位及刮削量，结合涂色显点进行粗刮，以保证平面度要求。

（2）在保证平面度和初步达到平行度的情况下进入细刮。细刮时根据涂色显点来确定刮削部位，同时结合百分表进行测量，边刮削边修正。

（3）细刮达到要求后按研点进行精刮，直至达到表面粗糙度及接触点要求。

（4）精刮结束后选用鱼鳞花刮削，进行刮花装饰，最后复检零件尺寸、平面度、平行度、表面粗糙度、接触点精度是否符合任务要求。

4. 刮削面缺陷分析

刮削面有时会出现缺陷，产生原因见表 7-1。评分标准见表 7-2。

表 7-1　刮削面缺陷分析

缺陷形式	特　征	产　生　原　因
深凹痕	刮削面研点局部稀少或刀迹与显示研点高低相差太多	1. 粗刮时用力不均匀，局部落刀太重或多次刀迹重叠。 2. 刀刃磨得过于弧形
撕痕	刮削面上有粗糙的条状刮痕，较正常刀迹深	1. 刀刃不光滑或不锋利。 2. 刀刃有缺口或裂纹
振痕	刮削面上出现有规则的波纹	多次同向刮削，刀迹没有交叉
划道	刮削面上划出深浅不一的直线	研点时夹有砂粒、铁屑等杂质，或显示剂不清洁
刮削面精密度不准确	显点情况无规律的改变且捉摸不定	1. 推磨研点时压力不均匀；研具伸出工件太多；按照出现的假点刮削后造成误差。 2. 研具本身不准确

表 7-2　工件图 7-9 评分标准（图 7-9 六面体）

序号	项目与技术要求	配分	评分标准	检测结果	得分
1	刮削姿势正确	10	不正确扣 10 分		
2	尺寸要求 25 mm	10	尺寸不合格全扣		
3	平面度要求 0.01 mm（2 面）	20	超差每面扣 5 分		
4	平行度要求 0.02 mm	10	超差全扣		
5	粗糙度要求 Ra 0.8 μm（2 面）	10	超差每面扣 5 分		
6	接触点 20 点/（25 mm×25 mm）	20	点数不够每面扣 10 分		
7	无明显刀痕、振痕	10	不符要求每处扣 5 分		
8	安全文明操作	10	酌情扣分		

任务 2　研　　磨

研磨是将研磨剂涂敷或压嵌在研具上，通过研具与工件在一定压力下的多次相对运动进行微量切削，从而实现零件表面极高精度的精整加工。

预备知识

1. 研磨的原理

研磨是一种微量的金属切削运动，包含着物理和化学的综合作用。物理作用即磨料对工件的切削作用，研磨时，要求研具材料比被研磨的工件软，这样受到一定压力后，研磨剂中微小颗粒（磨料）被压嵌在研具表面上。这些细微的磨料小颗粒具有较高的硬度，成为无数个刀刃。由于研具和工件的相对运动，半固定或浮动的磨粒则在工件和研具之间做运动轨迹很少而重复的滑动和滚动，因而对工件产生微量的切削作用，均匀地从工件表面切去一层极薄的金属。化学作用是指当研磨剂采用氧化铬、硬脂酸等化学研磨剂进行研磨时，与空气接触的工件表面，很快形成一层极薄的氧化膜，而且氧化膜又很容易被研磨掉，这就是研磨的化学作用。

研磨的主要优点是能获得极高的精度，经过精密研磨后的工件表面，其表面粗糙度 Ra 值可达到 0.05～0.2 μm，工件尺寸精度可以达到 0.001～0.005 mm。经过研磨后的工件表面粗糙度很高，形状准确，所以工件的抗腐蚀能力和抗疲劳强度也相应得到提高，从而延长零件的使用寿命。

2. 研磨余量的选择

研磨的切削量很小，一般每研磨一遍所能磨去的金属层不超过 0.002 mm。所以研磨余量不能太大，否则，会使研磨时间增加，并且研磨工具的使用寿命也会缩短。通常研磨余量控制在 0.005～0.03 mm 范围内比较适宜，有些零件研磨余量就控制在工件的公差范围内。

3. 研具

在研磨加工中，研具是保证研磨工件几何形状正确的主要因素，因此，对研具的材料、精度和表面粗糙度都有较高的要求。

（1）研具的材料

研具的组织结构应细密均匀，要有很高的稳定性、耐磨性，具有较好的嵌存磨料的性能，工作面的硬度应比工件表面硬度稍软。常用的研具材料见表 7-3。

表 7-3　常用的研具材料

种类	特点及适用范围
灰铸铁	润滑性好，磨耗较慢，硬度适中，研磨剂在其表面容易涂布均匀等优点。它是一种研磨效果较好、价廉易得的研具材料，因此，得到广泛地应用
球墨铸铁	比一般灰铸铁更容易嵌存磨料，且嵌得更均匀，牢固适度，同时还能增加研具的耐用度，采用球墨铸铁制作研具已得到广泛地应用
软钢	韧性较好，不容易折断，常用来做小型的研具，如研磨螺纹和小直径工具、工件等
铜	性质较软，表面容易被磨料嵌入，适于做软钢研磨加工的研具

（2）研具的类型

生产中需要研磨的工件是多种多样的，不同形状的工件应用不同类型的研具。常用的研具有下面几种：

1）研磨平板。研磨平板如图 7-13 所示，主要用来研磨平面，如量块、精密量具的平面等。它分为光滑平板和槽形平板两种。槽形平板用于粗研，研磨时易于将工件压平，可防止将研磨面磨成凸弧面；精研时，则应在光滑平板上进行。

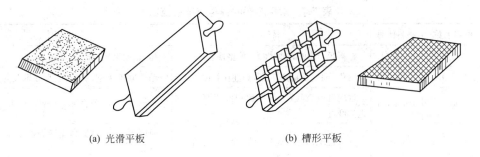

(a) 光滑平板　　　　　　　　(b) 槽形平板

图 7-13　研磨平板

2）研磨环。研磨环如图 7-14 所示，主要用来研磨外圆柱表面。研磨环的内径应比工件的外径大 0.025～0.05 mm。当研磨一段时间后，若研磨环内孔磨大，拧紧调节螺钉可使孔径缩小，以达到所需间隙。

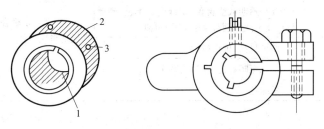

图 7-14　研磨环

1—开口调节圈；2—外圈；3—调节螺钉

3)研磨棒。主要用于圆柱孔的研磨,有固定式和可调式两种,如图 7-15 所示。固定式研磨棒制造容易,但磨损后无法补偿,多用于单件研磨或机修中,既有光滑式,也有带槽式。可调式研磨棒因为能在一定的尺寸范围内进行调整,可以延长其使用寿命,适用于成批生产,应用广泛。

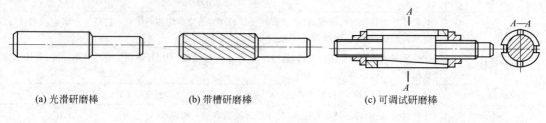

(a) 光滑研磨棒　　　　　　　(b) 带槽研磨棒　　　　　　　(c) 可调试研磨棒

图 7-15　研磨棒

如果把研磨环的内孔、研磨棒的外圆做成锥形,则可用来研磨内、外圆锥表面。

4. 研磨剂

研磨剂是由磨料和研磨液调和而成的混合剂,有时根据需要还添加一定的研磨辅料。

(1)磨料的种类

磨料在研磨中起切削作用。研磨工作的效率、精度和表面粗糙度都与磨料有密切的关系,常用磨料的种类与适用范围见表 7-4。

表 7-4　常用磨料的种类与适用范围

系列	磨料名称	磨料代号	特性	适用范围
氧化铝系	棕刚玉	A(GZ)	棕褐色,硬度高,韧性大,价格便宜	粗、精研磨钢、铸铁、黄铜
	白刚玉	WA(GB)	白色,硬度比棕刚玉高,韧性比棕刚玉差	精研磨淬火钢、高速钢、高碳钢及薄壁零件
	铬刚玉	PA(GG)	玫瑰红或紫红色,韧性比白刚玉高,磨削光洁度好	研磨量具、仪表零件及高光洁度表面
	单晶刚玉	SA(GD)	淡黄色或白色,硬度和韧性比白刚玉高	研磨不锈钢、高钒高速钢等强度高、韧性大的材料
碳化物系	黑碳化硅	C(TH)	黑色有光泽,硬度比白刚玉高,性脆而锋利,导热性和导电性良好	研磨铸铁、黄铜、铝、耐火材料及非金属材料
	绿碳化硅	GC(TL)	绿色,硬度和脆性比黑碳化硅高,具有良好的导热性和导电性	研磨硬质合金、硬铬、宝石、陶瓷、玻璃等材料
	碳化硼	BC(TP)	灰黑色,硬度仅次于金刚石,耐磨性好	精研磨和抛光硬质合金、人造宝石等硬质材料
金刚石系	人造金刚石		无色透明或淡黄色、黄绿色或黑色,硬度高,比天然金刚石略脆,表面粗糙	粗、精研磨硬质合金、人造宝石、半导体等高硬度脆性材料
	天然金刚石		硬度最高,价格昂贵	
其他	氧化铁		红色至暗红色,比氧化铬软	精研磨或抛光钢、铁、玻璃等材料
	氧化铬		深绿色	

(2)磨料的粒度

磨料的粗细用粒度表示。根据磨料标准规定,粒度用两种表示方法共 40 个粒度代号表示。颗粒尺寸大于 50 μm 的磨粒,采用筛分法测定粒度号。粒度号代表的是磨粒所通过的筛网在每英寸长度上所含的孔眼数。因此用这种方法表示的粒度越大,磨粒就越细,如 70[#] 粒度的磨料就比 60[#] 的细。

尺寸很小的微粉状磨粒,用显微镜测量的方法测定其粒度。粒度号 W 表示微粉,阿拉伯数表示磨粒的实际宽度尺寸。例如,W40 表示颗粒最大为 40 μm。磨料的粒度主要应根据研磨精度的高低选择,见表 7-5。

表 7-5　磨料粒度的选用

磨料粒度	研磨加工类别	可加工表面粗糙度值 $Ra(\mu m)$
100[#]～W50	用于最初的研磨加工	>0.4
W50～W20	粗研磨加工	0.4～0.2
W14～W7	半精研磨加工	0.2～0.1
W5 以下	精研磨加工	0.1 以下

（3）研磨液及研磨辅料

研磨液在研磨中起调和磨料、冷却和润滑的作用。常用的研磨液有煤油、汽油、10[#] 与 20[#] 机械油、工业甘油、透平油及熟猪油等。研磨辅料一般是黏度较大,氧化作用较强的混合脂,如油酸、脂肪酸、硬脂酸等,有时添加少量的石蜡、蜂蜡充当填料。

5. 研磨轨迹与研磨方法

（1）一般平面的研磨轨迹

一般平面研磨如图 7-16 所示,工件沿平板全部表面,用 8 字形、仿 8 字形或螺旋形运动轨迹进行研磨。研磨时工件受压要均匀,压力大小应适中。压力大会使研磨切削量大,表面粗糙度值大,还会使磨料压碎、划伤表面。粗研时宜施压(1～2)×10⁵ Pa,精研时宜施压(1～2)× 10⁴ Pa。研磨速度不应太快,手工粗研时,每分钟往复 40～60 次;精研时,每分钟往复20～40次,否则会引起工件发热,降低研磨质量。

(a) 螺旋形运动轨迹

(b) 仿8字形运动轨迹

图 7-16　一般平面的研磨轨迹

（2）狭窄平面研磨

为防止研磨平面产生倾斜和圆角,研磨时应用金属块作为"导靠",采用直线研磨轨迹,如图 7-17(a)所示。如要为样板研成半径为 R 的圆角,则采用摆动式直线研磨运动轨迹,如图

7-17(b)所示。对于工件数量较多的狭窄面研磨,可采用C形夹固定多个工件一起研磨,如图7-17(c)所示。

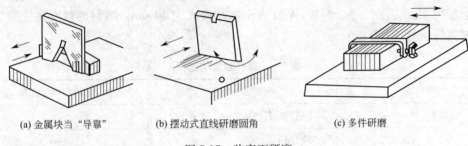

(a) 金属块当"导靠"　　(b) 摆动式直线研磨圆角　　(c) 多件研磨

图 7-17　狭窄面研磨

(3)圆柱面的研磨

圆柱面的研磨,一般以手工与机床配合的方法进行。

1)外圆柱面的研磨一般是在机床上用研磨环对工件进行研磨。研磨环的内径应比工件的外径略大 0.025~0.05 mm,研磨环的长度一般为其孔径的1~2倍。

研磨外圆柱面时,工件可由车床或钻床带动。工件上均匀地涂上研磨剂,套上研磨环并调整好研磨间隙(松紧以用力能转动为宜)。推动研磨环,通过工件的旋转和研磨环在工件上沿轴线方向做往返移动进行研磨,如图7-18 所示。一般工件的转速在直径小于 80 mm 时为100 r/min,直径大于 100 mm 时,为 50 r/min。研磨环的往返移动速度,可根据工件在研磨时出现的网纹来控制。当出现 45°交叉网纹时,说明研磨环的移动速度适宜,如图7-19 所示。

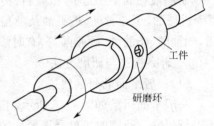

工件

研磨环

图 7-18　外圆柱面的研磨

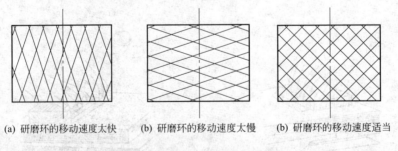

(a) 研磨环的移动速度太快　　(b) 研磨环的移动速度太慢　　(b) 研磨环的移动速度适当

图 7-19　研磨时工件上出现的网纹

2)内圆柱面的研磨是将工件套在研磨棒上进行。研磨棒的外径应比工件内径小 0.01~0.025 mm。研磨棒工作部分的长度应大于工件长度,一般情况下是工件长度的 1.5~2 倍。研磨时,将研磨棒夹在车床卡盘内或两端用顶尖顶住,然后把工件套在研磨棒上进行研磨。研磨棒与工件的松紧程度,一般以手推工件时不十分费力为宜。研磨时,要及时擦掉工件两端因过多而被挤出的研磨剂,否则会研磨成喇叭口形状。如孔口要求很高,可将研磨棒的两端用砂布磨得略小一些,避免孔口扩大。对于机体上的大尺寸孔,应尽量将其置于垂直地面方向,进行手工研磨。

（4）圆锥面的研磨

圆锥表面的研磨,包括圆锥孔和外圆锥面的研磨。研磨时,必须要用与工件锥度相同的研磨棒或研磨环,如图 7-20 所示。

研磨时,一般在车床或钻床上进行,转动方向应和研磨棒的螺旋方向相适应。在研磨棒或研磨环上均匀地涂上一层研磨剂,插入工件锥孔中或套在工件的外锥表面,旋转 4～5 圈后,将研具稍微拔出一些,然后再推入研磨。研磨到接近要求时,取下研具,并将研磨棒和被研磨表面的研磨剂擦干净,再重复研磨(起抛光作用),直到被加工的表面呈现银灰色或发光为止。有些

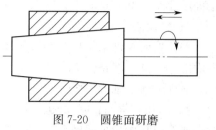

图 7-20　圆锥面研磨

工件是直接用彼此接触的表面进行配磨来达到表面贴合精度,如分配阀和阀门的研磨,就是以两者的接触表面进行研磨的。

操作实习　　　研磨如图 7-21 所示六面体工件,材料为 45 钢的六面体工件,尺寸为 50 mm× 25 mm×10 mm。该任务要求研磨六面体上下两平行平面,并符合图示精度要求。该任务额定完成工时为 2 h。

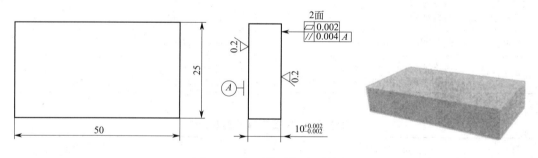

图 7-21　六面体平行平面研磨

图 7-21 的六面体工件,外形尺寸不大,但上下两个平面有极高的平面度精度(0.002 mm)和平行度精度(0.004 mm)要求,同时要求极小的表面粗糙度值(Ra0.2 μm),只有采用微量切削的研磨工艺才可解决以上问题。

该任务的基本加工步骤为:通过粗研磨和精研磨两个工序研磨基准平面,研磨基准面的平行面。

1. 选用研具、研磨剂

图 7-21 工件研磨加工面为上下两平面,材料为 45 号钢,选用大于该工件尺寸的铸铁材料 1 级标准平板,也可用图 7-9 刮削加工后的平板代替。

磨料选用 W14 和 W7 的白刚玉,分别用于粗研磨和精研磨,粗研磨剂按白刚玉(W14)16 g、硬脂酸 8 g、蜂蜡 1 g、油酸 15 g、航空油 80 g、煤油 80 g 配制。在精研磨时除白刚玉改用较细的 W7 外,不加油酸,并多加煤油 15 g,其他相同。

2. 研磨基准平面

基准平面研磨分为粗研磨和精研磨两道工序。

（1）粗研磨

研磨前，先用煤油或汽油把研磨平板的工作表面清洗并擦干，再在平板上涂上适当的研磨剂，然后把工件需研磨的表面贴合在平板上，沿平板的全部表面以仿 8 字形和直线式相结合的运动轨迹进行研磨，并不断的变更工件的运动方向，使磨料不断在新的方向起作用。当研磨面平面度小于 0.006 mm，$Ra<0.4\ \mu m$ 时即可转入精研磨。

（2）精研磨

精研磨时全部采用仿 8 字形运动轨迹，并适当控制压力，减小运动往返速率，直至研磨面平面度小于 0.002 mm，$Ra<0.2\ \mu m$ 时。

3. 研磨基准面的平行面

基准面的平行面的研磨也采用粗研磨和精研磨两道工序，操作要点同基准面研磨类似，注意在研磨过程中根据研磨余量及时修正平行度误差，直至符合所有精度要求。

4. 研磨缺陷分析

研磨时的缺陷原因和防止方法见表 7-6。评分标准见表 7-7。

表 7-6　研磨缺陷的原因和防止方法

缺陷形式	产生原因	防止方法
表面不光洁	磨料过粗； 研磨液不当； 研磨剂涂得太薄	正确选用磨料； 正确选用研磨液； 研磨剂涂布应适当
表面拉伤	研磨剂中混入杂质	重视并做好清洁工作
平面呈凸形	研磨剂涂得太厚； 工件边缘被挤出的研磨剂未擦去就连续研磨	研磨剂应涂得适当； 被挤出的研磨剂应擦去后再研磨

表 7-7　工件图 7-21 评分标准

序号	项目与技术要求	配分	评分标准	检测结果	得分
1	研磨轨迹及用力正确	10	总体评定		
2	尺寸要求 $10^{+0.002}_{-0.002}$ mm	10	尺寸不合格扣除		
3	平面度要求 0.002 mm(2 面)	20	超差每面扣 10 分		
4	平行度要求 0.004 mm	15	超差全扣		
5	粗糙度要求 $Ra0.2$ m(2 面)	20	不合格每面扣 10 分		
6	无明显拉伤、表面光洁	15	不符合要求扣除		
7	安全文明操作	10	酌情扣分		

1. 工件刮削加工的优点是什么？

2. 研具的材料有何要求？如何选择？

项目八 工厂典型零件综合练习

任务 1 凸形件的加工

凸形件的加工工艺和加工步骤如下：

按图样要求锉削好外轮廓基准面，达到(76 ± 0.05) mm 和(45 ± 0.05) mm 及垂直度、平行度和对称度要求。

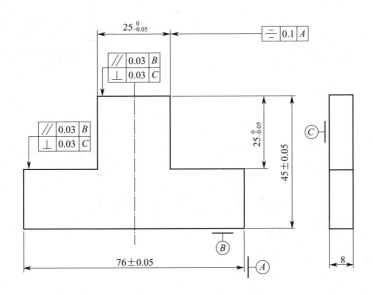

图 8-1 凸形件

对称度的概念

1. 对称度误差：被测表面的对称平面与基准表面的对称平面间的最大偏移距离。

2. 对称度公差带：相对基准中心平面对称放置的两个平行平面之间的区域，两平行面距离即为公差值。

3. 对称度的测量方法及工艺尺寸的计算方法

（1）对称度的直接测量法

如图 8-2 所示，测量被测表面与基准表面的尺寸 A 和 B 其差值即为对称度误差。

（2）间接测量方法及相关工艺尺寸的计算

图 8-1 为保证 $25_{-0.05}^{0}$ mm 凸形面的对称度 0.1 mm，用间接测量控制有关的工艺尺寸及计算方法，如图 8-3 所示。

解：计算相关的工艺尺寸应考虑到对称度 0.1 mm 及凸形的尺寸公差。

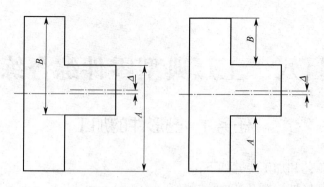

图 8-2　对称度的测量方法

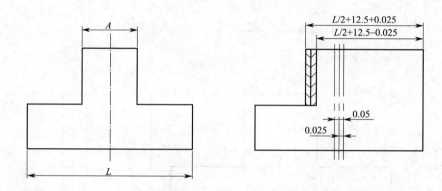

图 8-3　计算对称度相关的工艺尺寸图

对称度向左偏移应考虑到凸形尺寸的上极限。

计算公式为(此时为最大尺寸):

$$L_{\max} = \frac{L}{2} + \frac{A}{2} + \frac{0.1}{2} + \frac{-0.05}{2} = \frac{L}{2} + \frac{A}{2} + 0.025$$

对称度向右偏移应考虑到凸形尺寸的下极限。

计算公式为(此时为最小尺寸):

$$L_{\min} = \frac{L}{2} + \frac{A}{2} - \frac{0.1}{2} + \frac{0.05}{2} = \frac{L}{2} + \frac{A}{2} - 0.025$$

式中　L——外形的实际尺寸;

　　A——凸形的公称尺寸。

(3)有对称度要求工件的划线方法

对于平面对称工件的划线,应在形成对称中心平面的两个基准面精加工后进行。划线基准应与形成对称中心平面的两个基准面中的一个重合。划线尺寸则按两个对称基准平面间的实际尺寸及对称要素的要求尺寸计算得出。

加工凸形面:

1. 按图纸要求划出凸件加工线。

2. 按线(留加工量)锯去垂直一角,粗、精锉加工两垂直面,根据(45 ± 0.05) mm 的实际尺寸,通过控制 20 mm 的尺寸误差值,间接测量控制 45 mm 的实际尺寸$-25_{-0.05}^{0}$ mm 的值在尺寸范围内,从而保证达到 $25_{-0.05}^{0}$ mm 的尺寸要求;同样根据 76 ± 0.05 mm 的实际尺寸,通过控制 50.5 mm 的尺寸误差值,间接测量控制 76/2 mm 的实际尺寸$+12.5_{-0.05}^{+0.025}$ mm 的值在尺寸范围内,从而保证在取得 $25_{-0.05}^{0}$ mm 的同时,又能保证其对称度在 0.1 mm 之内。

3. 按线(留加工量)锯去另一垂直角,用上述方法控制并锉削尺寸 $25_{-0.05}^{0}$ mm(通过控制 20 mm 的尺寸误差值)(应注意的是本工序应与上工序所控制的尺寸尽量取一致);凸形面的 $25_{-0.05}^{0}$ mm 可直接测量并锉削得到。在粗加工结束时,可根据要求锯工艺槽。

4. 全部锐角倒钝,并检查全部尺寸精度。

5. 注意事项:

(1)为了能使 $25_{-0.05}^{0}$ mm 凸形的对称度进行测量控制,76 mm 的实际尺寸必须测量准确,并应取其各点测量的平均值。

(2)为了保证凸件的形状公差达到要求,工件的外轮廓的垂直度和平行度必须达到图纸的要求,否则直接影响到凸形面的形状误差。

(3) $25_{-0.05}^{0}$ mm 凸形面加工时,只能先锯掉一垂直角余料,待加工至所要求的尺寸公差后,才能去掉另一角余料。由于受测量工具的限制,只能采用间接测量法得到所需的尺寸公差(注意:计算相关的工艺尺寸)。

(4)在加工垂直面时,要防止锉刀侧面碰坏另一垂直侧面,因此必须将锉刀的一侧在砂轮上进行修磨,并使其与锉刀面夹角略小于 90°,可避免接触锉刀侧面伤及另一垂直侧面。

任务 2   简单件的锉配

预备知识

1. 锉配

锉配也称为镶嵌,是利用锉削加工的方法使两个或两个以上的零件达到一定配合精度要求的加工方法。锉配时通常先锉好配合工件中的一个外表面零件,然后以该零件为标准,配锉另一个内表面零件,使之达到配合精度要求。

2. 锉配工艺

锉配工艺即锉配步骤、锉削工序的排列顺序,其合理性不但影响锉削加工的难易程度,而且也决定着两件配合精度的高低。

根据零件的经济精度和表面粗糙度来考虑。一般情况按照基轴制安排零件的加工顺序,把"轴类"工件作为锉配基准件,首先加工,并分为粗、精加工工序,以保证工件精度;特殊情况可以采用基孔制加工。加工完基准件后再锉配配合件。

拟定工艺路线时应考虑以下问题:

(1)基准件和非基准件的确定:先基准件后非基准件。

(2)零件表面的加工顺序和加工方法:必须在保证零件达到图样要求稳定可靠的前提下,根据每个表面的技术要求确定。先基准面,后其他面;如有多个基准面,按照逐步提高精度的原则确定基准面的转换顺序。

(3)加工工序的确定:先粗后精,先主后次。

操作实习 　锉配加工如图 8-4 所示,完成零件的锉削加工后,还需要将件 1 和件 2 按配合要求组合在一起,达到技术要求。这种锉削方法的实质为锉配加工。材料为 45 钢,工时要求 8 h。

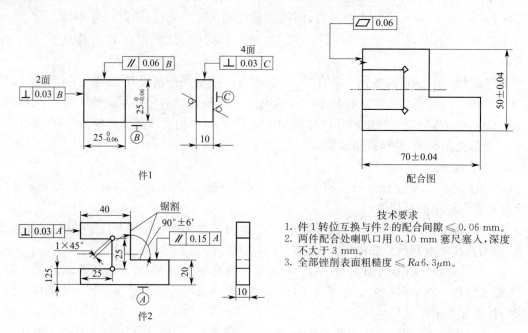

图 8-4　四方配合图

技术要求
1. 件 1 转位互换与件 2 的配合间隙 ≤ 0.06 mm。
2. 两件配合处喇叭口用 0.10 mm 塞尺塞入,深度不大于 3 mm。
3. 全部锉削表面粗糙度 ≤ $Ra6.3\mu m$。

分析图样图 8-4,按照配合技术要求,若采取单件锉削的方法,保证件 1 和件 2 的图样技术要求,由于零件配合处件 2 的精度低,很可能出现两件不能实现配合或配合间隙超差,所以在加工过程中需要制定一定的加工工艺,按照锉配方法对两件进行加工,保证单件精度和配合精度能够同时满足图样要求。完成锉配加工的工艺步骤是:锉削基准件(件 1)→锉削非基准件(件 2)→试配→修整→精度检验。

1. 准备工作

(1)锉配材料:45 钢板料,尺寸为(70±0.04) mm×(50±0.04) mm×10 mm。

(2)量具:千分尺、游标卡尺、万能量角器、90°宽座角尺、刀口尺、塞尺。

(3)工具、设备:300 mm(粗)、200 mm(中)、100 mm(细)板锉各一只,三角锉、锯弓、台虎钳。

(4)划线工具:平台、方箱、游标高度尺。

2. 操作步骤

(1)按图样划出锯割加工线、四方开口加工线。按线锯削材料,达到锯削面要求和尺寸要求,件 1:取白板料 70 mm×50 mm 的右上方 25 mm×25 mm 周边留 1～2 mm 锉削量,件 2:25 mm×25 mm 挖槽留量后划线为 23 mm×23 mm。

(2)加工件 1

1)先锯下材料的精加工面(非锯削面)作为基准 C 面和 B 面,锉削四方体,锉 B 面,要求平直。

2)锉 B 面的对面。先粗锉,后精锉。保证尺寸 $25_{-0.06}^{\ 0}$ mm、平行度 0.06 mm、垂直度

0.03 mm。

3）精修 *B* 面的相邻已加工面，作为另一方向的基准，精度不低于图样要求。

4）加工 *B* 面的另一相邻面。先粗锉，后精锉。保证尺寸 $25_{-0.06}^{0}$ mm、平行度 0.06 mm、垂直度 0.03 mm。

5）精检精修，达到全部要求。

（3）加工件 2

1）开 25 mm×25 mm 四方开口槽，开口为 23 mm×23 mm。用锯削方法沿划线内侧锯出两条平行锯缝，并交叉锯削将四方料排掉。

2）粗锉 3 个锯削面，接近划线。

3）锯削两个工艺凹槽 45°×1。

4）精锉四方槽的两个平行平面。以 *A* 面为基准锉削一平面，控制距基准 *A* 的尺寸 12.5 mm，达到各项要求；锉另一平行平面，至尺寸接近 25 mm，用件 1 试配，控制好平行平面间的尺寸和配合间隙。

5）锉开口槽底平面。用件 1 试配，控制好槽深度尺寸和配合间隙。

（4）精锉修整各面

先从一个方向锉配，用透光法检查接触部位，进行修整至配合要求；然后做转位互换的修整，达到转位互换的配合要求。

（5）锐边去毛刺、倒棱，用塞尺检查配合间隙。

3. 注意事项

（1）加工过程中，要不断地利用各量具检测各项精度变化情况，保证试配前精度。

（2）件 2 四方槽各面加工时，应选择有关的外形面作为测量基准，尽量提高形位精度。

（3）注意件 1 的形位误差对锉配的影响：

1）四方体两组尺寸误差。在一个位置锉配得到零间隙，则转位 90°配入后，引起间隙扩大。如一处尺寸为 25 mm，另一处为 24.95 mm，转位间隙为 0.05 mm，如图 8-5 所示。

2）四方体一面有垂直度误差，在一个位置锉配得到零间隙，则转位 180°配入后，产生附加间隙 Δ，四方形成为平行四边形，如图 8-6 所示。

3）四方体平行度有误差，在一个位置锉配得到零间隙，则转位 180°配入后，局部产生配合间隙 Δ_1 和 Δ_2，如图 8-7 所示。

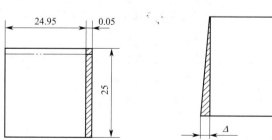

图 8-5 等边尺寸误差转位后
引起间隙扩大

图 8-6 垂直度误差转位后
引起间隙扩大

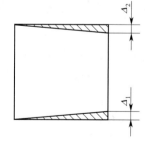

图 8-7 平行度误差转位后
引起间隙扩大

4）四方体有平面度误差时，配合后会产生喇叭口，如图 8-8 所示。

工件图 8-4 的评分标准见表 8-1。

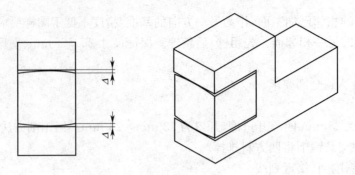

图 8-8 平面误差产生的配合喇叭口

表 8-1 工件图 8-4 评分标准

序号	项目与技术要求			配分	评分标准	检测结果	得分
1	件1	尺寸	$25_{-0.06}^{0}$ mm(2 处)	6×2	超差一处扣 6 分		
2		形位公差	平行度 0.06B	4	超差不得分		
3			垂直度 0.03B(2 面)	3×2	超差不得分		
4			垂直度 0.03C(4 面)	3×4	超差不得分		
5	件2	尺寸	20 mm	2	超差不得分		
6			40 mm	2	超差不得分		
7		角度	90°±6′	2	超差不得分		
8		形位公差	平行度 0.15A	3	超差不得分		
9			垂直度 0.03A	3	超差不得分		
10	配合	平面度	互换检测 0.06	10	超差不得分		
11		间隙	≤0.06 mm(3 处)	7×3	超差一处扣 7 分		
12		喇叭口		6	超差一处扣 2 分		
13	表面粗糙度		$Ra≤6.3\ \mu$m(7 处)	1×7	超差一处扣 1 分		
14	交全文明操作			10	酌情扣分		

知识扩展

1. 对称形体工件锉配时的划线

对于形体有对称度要求的工件的划线,应在形成对称中心要素的两个基准要素精加工后进行,划线基准与该两基准要素重合,划线尺寸则按两个对称基准要素间的实际尺寸及对称要素的要求尺寸计算得出。例如,若对称度要求的要素是两个平面,则其对称要素即为中心平面,划线时,先以形成该对称中心平面的两个基准平面划出对称平面的实际位置,然后以该对称平面为基准对称划出加工平面的位置线,而工件一次性划线安装,避免划线基准不重合误差的产生。同理,可以划出有对称度要求的其他形体的加工线。

2. 对称度误差对转位互换配合精度的影响

以凹凸配合为例,如图 8-9(a)所示,当凹凸件都有对称度误差 0.05 mm,且在同一个方向位置配合达到间隙要求后,得到两侧平面;当将一个工件转位 180°再做配合,如图 8-9(b)所示,就会产生两个基准面偏位误差,由于两件的对称度偏移出现在相反方向,其误差总值则为两件的对称度误差值之和,即误差值为 0.1 mm。

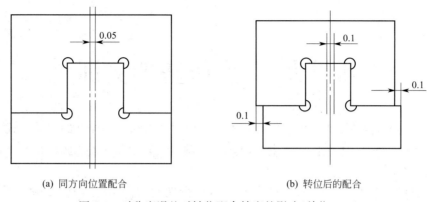

(a) 同方向位置配合　　　　　　　　(b) 转位后的配合

图 8-9　对称度误差对转位配合精度的影响(单位:mm)

　何谓锉配？锉配工艺对加工精度有何要求？

项目九　液压基础实训

随着科学技术的发展,液压传动作为一种可以传递动力和进行控制的传动方式,已经日益深入到医疗、科技、军事、工业自动化生产、起重、运输、矿山、建筑、航空航天等各个领域,并起到不可替代的作用。

液压传动装置中使用压力液压油作为介质,进行能量的传递,液压传动优点是从结构上看,元件单位重量传递的功率大、结构简单、布局灵活、便于和其他传动方式联用,易实现远距离操纵和自动控制。从工作性能上看,速度、扭矩、功率均可作无极调节,能迅速换向和变速,调速范围宽,动作快速性好,而且工作平稳噪声小。从维护使用上看,元件的自润滑性好,能实现系统的过载保护与保压;使用寿命长。元件易实现系列化、标准化、通用化。液压传动的缺点是容易泄露,造成环境的污染;另外液压油具有高温变稀、低温变稠,不宜在高温或低温环境下工作。

本项目以 YPC-08A 液压 PLC 控制实验系统为教学基础,采用了透明液压元件,能够让学生了解观察液压元件的结构及工作过程,从而掌握液压元件的工作原理。同时,采用了柜式立面结构及面积大的安装底板,使液压元件与油路安装分布匀称,使原理的演示清晰明了,实验可靠方便。控制方式上采用了继电器控制及 PLC 控制多种模式。并从可靠性、先进性、成熟性、易用性、安全保障与可管理性等多方面考虑,精心设计而成。

各种机械对液压的要求是多种多样的,一般多是由方向控制回路、压力控制回路、速度控制回路和顺序控制回路等基本功能回路组成。实验设备通过对以上四大基本功能、基本控制回路的实验演示。使学生能熟识十几种常用液压元件的性能、用途。掌握基本回路的工作过程及原理,提高学生故障处理及解决问题的能力,在实验演示中得到启发,引起兴趣,达到培养学生理论与实践相结合能力的目的。

任务 1　SX-813B 实验台基本结构介绍

SX-813B 实验台主要包括:钢质柜式实验台、透明液压元件(液压元件固定在两块固定配置板上,如油缸、阀、压力表、压力继电器等)、电气控制模块、液压泵站、元件固定配置板、桌面滴油槽、元件拆装油盘、工具及附件等,SX-813B 实验台如图 9-1 所示。

一、电气控制器件

1. 直流电源控制板,如图 9-2 所示。

输入电压:　AC　220 V　50 Hz

输　　出: 　DC　24 V/2.5 A　　AC 220 V

2. 继电器控制单元,如图 9-3 所示。

它具有两组功能相同且独立控制电路。每组控制电路具有换向 1、停止按钮;换向 2、停止

按钮；常开启动输入插孔、常闭停止输入插孔；控制相应的电磁阀组输出，每组的输出 1 输出 2
具有互锁功能。

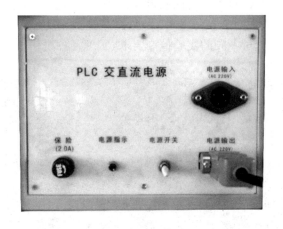

图 9-1　SX-813B 液压实验台　　　　　　　　　图 9-2　直流电源控制板

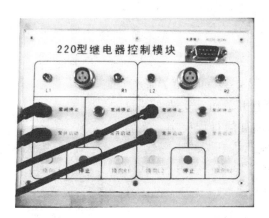

图 9-3　继电器控制单元

3. PLC 控制模块，如图 9-4～图 9-6 所示。

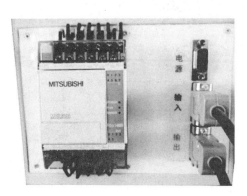

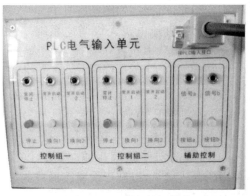

图 9-4　PLC 装置　　　　　　　　　　　图 9-5　PLC 电气输入模块

　　PLC 控制程序具有三组功能电路。控制组一按钮控制电磁阀 Y0、Y1；控制组二按钮控制电磁阀 Y2、Y3；辅助控制组按钮控制电磁阀 Y4、Y5。输入控制电路的停止按钮均串联常闭停止输入插孔，其他控制电路按钮均并联常开启动输入插孔，利于外接控制。电磁阀组输出 Y0、Y1 及 Y2、Y3（Y4、Y5）具有互锁输出功能。同时，也可以根据电气控制原理图重新自行编程，针对不同的实验控制要求，实现各种逻辑控制。

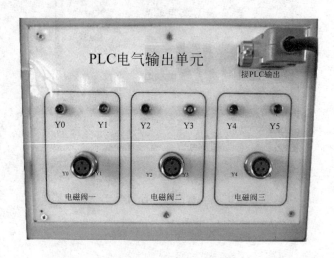

图 9-6　PLC 电气输出模块

图 9-7　电气微动行程开关

　　4. 电气微动行程开关及安装，如图 9-7 所示。

　　本产品配置的微动行程开关通常安装在油缸底板的安装轨道上，用于油缸的行程控制。实验时根据控制要求：拆装微动行程开关的小螺丝，调整触动小滚轮与油缸活塞撞块的碰触方向；利用轨道安装螺丝调节在轨道的位置。

二、液压泵及液压元件的安装

1. 液压泵站

实物和元件符号，如图 9-8 所示。

本泵站配直流电机无级调速系统，又称直流电机调速齿轮泵，电机速度控制系统内部具有安全限速功能，可以对输出的最高速度进行限制。配有数字式高精度转速表，实时测量泵电机组的转速。配有油路压力调定功能，可以调定输出压力油的安全工作压力。泵站配有多路压力油输出及回油，可同时对多路液压回路进行供油回油。并采用闭锁式接头，以利于快速接通或封闭油路。实现油箱、油泵、直流电机、直流电源及控制系统、转速测控一体化设计。

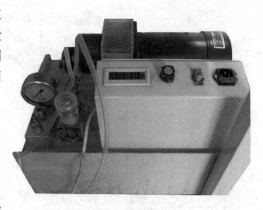
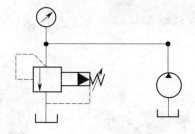

图 9-8　液压泵站

泵站技术参数：

(1)工作电源：AC：220 V 50 HZ。

(2)直流电机功率：0.75 kW 额定转速：0～1 500 r/min。

(3)液压泵型号：CB-B10。

(4)油泵输出最高压力：0～2.5 MPa。

(演示实验工作压力≤0.5 MPa)

(5)油箱容积：25 L。

(6)安全限速范围：1 000～1 500 r/min。

(7)安全压力设定范围：0.3～2.5 MPa。

2. 油管、接头与拆装工具

(1)实验油管技术参数：材料 PU 聚氨酯塑料，常温下工作耐压 1.0 MPa，爆破压力 3 MPa，工作温度−40～80 ℃，皮管直径 8 mm。它韧性好，易于弯曲，长度可自由裁剪。装配布置的油路明了清晰，便于检查校对。

(2)皮管压板：用于固定油管，使油路清晰明了。

(3)皮管快速接头(图 9-9)：最高工作压力：2.5 MPa，可与以上 PU 聚氨酯材料油管配合使用。快速接头助拔器如图 9-10 所示。

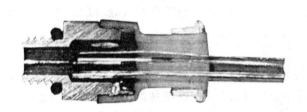
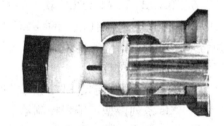

图 9-9 皮管快速接头实物剖面　　　　　　　图 9-10 快速接头助拔器

(4)尼龙管接头：最高破环压力 7 MPa，工作压力 4 MPa，常与高压尼龙液压管配合使用，也可以与以上 PU 油管配合使用，具有拆开油管时自动封闭油路的闭锁功能。安装油管时，应将液压皮管插到底，插入深度约 30 mm。接头塑料牙套和圆螺母如图 9-11 和图 9-12 所示。

图 9-11 接头塑料牙套　　　　　　　　　图 9-12 接头圆螺母

(5)尼龙管接头专用扳手(图 9-13)：它是尼龙管接头油路装配时的专用工具，使用时卡在接头圆螺母槽上进行旋转锁紧，不需要用力过大，以免造成接头塑料牙套损坏。

3. 液压元件安装形式

实验台工作立面，采用了工业控制常用的"T"形铝型材料(通称为：实验底板)为液压元件在工作面的安装定位提供了极大的方便。液压元件的安装有两种方式：

第一种:液压元件底板的弹簧滑块卡脚快速定位安装。采用专用铝合金型材制造,外表经过喷塑处理。配有金属弹簧滑块卡脚与固定卡脚。两端装有塑料封盖。装配快捷方便,牢固可靠。适宜于受力较小,重量不很重的液压元件。装配与拆卸时,应该有统一的方向。

第二种:采用"T"形槽专用螺母安装方式。使用时,它预先旋在螺丝的顶端,可以正面插入 T 形槽内,螺母处于插入方位。螺丝顺时针锁紧时,螺母顺时针旋转 90°处于锁紧方位,螺母特殊结构的橄榄形上半部分卡在槽内。螺丝逆时针松开时,螺母逆时针旋转 90°处于插入方位。因此,使用非常

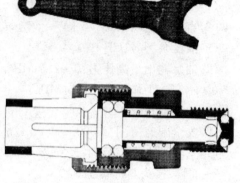

图 9-13　尼龙管接头专用扳手

方便,重量较重的受力液压元件。装配与拆卸时,不需要统一的方向。应用在不经常移动的场合。

三、液压回路的 PLC 电气控制

1. 三菱 FXls-14 MR PLC 软件的安装

产品附配的光盘内有相应的《PLC 编程软件》和《编程软件安装指南视频》以及《PLC 控制通用程序》,可根据指南安装相应的软件。

2. PLC 与电脑的连接

软件安装完成后,连接 PLC 模块与电源模块,然后用 SC-09 数据线将 PLC 与电脑连接(可参见 FXls 系列微型可编程控制器的使用手册)。PLC 要在通电状态下才能与电脑连接进行数据通信。开启电源,PLC 模块上指示灯亮,拨动 PLC 模块上数据线接口旁的 RUN/STOP 开关,可使 PLC 处于通电状态(POWERT 指示灯亮)和运行状态(POWER 和 RUN 指示灯同时亮)。

3. 程序上载步骤

(1)将 PLC 与电脑连接。

(2)打开电脑上的 PLC 编程软件,再打开要上载的程序文件。

(3)拨动 PLC 模块上数据线接口旁的 RUN/STOP 开关,使 PLC 处于通电状态(POWERT 指示灯亮)。

(4)在软件菜单里的"在线"栏中找到 PLC 写入命令。点击写入命令,按图中所示选取"程序"栏,点击右边"执行"命令即可上载程序。

(5)如果步骤 4 中出现图 9-14 状况时,点击确定。在软件菜单的"工程"栏中选择"改变 PLC 类型"命令,选择与实际连接 PLC 相同的型号,点击确定,再执行步骤 4 即可完成程序上载。

4. 程序下载步骤

(1)将 PLC 与电脑连接。

(2)打开 PLC 编程软件。

(3)在软件菜单里的"在线"栏中找到 PLC 读出命令。

图　9-14

1）点击读取命令，弹出"选择 PLC 系列"栏，选择"FXCPU"确定。

2）在弹出"传输设置"栏中，直接点击确定。

3）在弹出"读取"栏中，选取"程序"，点击右边执行命令即可完成程序下载。

任务 2　用手动换向阀的换向回路

预备知识

1. 外径千分尺的结构

　　手动换向阀是利用手动杠杆来改变阀芯位置实现换向的，由于定位方式的不同，它可分为自动复位式和钢球定位式两种。在此实验回路中采用的是钢球定位式，阀的左、中、右位是靠钢球与槽来定位。自动复位式是当操纵手柄的外力取消后，因弹簧的自动复位作用，可保持阀芯处于中间位置。液压系统中执行的换向动作大都由换向阀来实现，实物和元件符号如图 9-15 所示。

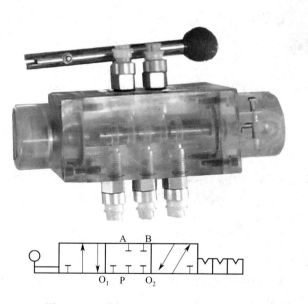

图 9-15　三位五通自动复位式手动换向阀

2. 双作用油缸

实物和元件符号如图 9-16 所示。

3. 进油压力表四通、回油五通

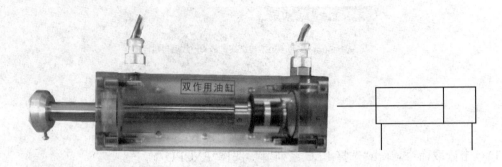

图 9-16　双作用油缸

实物如图 9-17 和图 9-18 所示。

图 9-17　进油压力表四通

图 9-18　回油五通

 实验：

1. 看图 9-19 分析工作原理

如图 9-19 所示，当三位五通换向阀处于右位时油缸活塞伸出，换向处于左位时油缸活塞退回，换向处于中位时，活塞处于中间浮动状态。图中的换向阀，根据执行换向的要求，也可以选用二位或三位，四通或五通等各种控制类型的其他换向阀。

2. 具体操作：如图 9-20 所示

（1）将双作用油缸、三位五通手动换向阀、进油压力表四通、回油五通等元件安装在实验台上，并使用合适的油管将元件按图连接起来。

（2）调试：接通电源，启动油泵，调整油泵出口压力 0.6 MPa，操作三位五通手动换向阀向右，油缸活塞应伸出，反之油缸活塞应缩回。

3. 主要元件

（1）进油压力表四通。

（2）回油五通。

（3）双作用油缸。

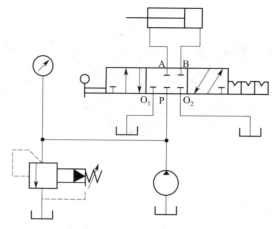

图 9-19　手动换向阀的换向回路

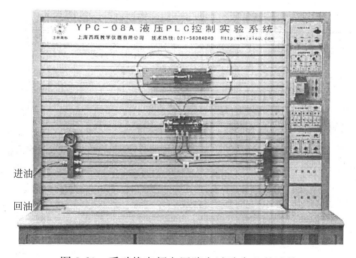

图 9-20　手动换向阀向回路在试验台上的连接

（4）三位五通手动换向阀。

任务3　M型、O型机能电磁换向阀的闭锁回路

实验目的：了解掌握三位四通"M"型、"O"型电磁换向阀的结构与工作原理，及其机能阀芯对油缸闭锁的特点。

预备知识　　　　　三位四通电磁换向阀如图9-21，有左中右三个位置，四个油口。三位四通电磁换向阀中的滑阀，在中位时各油口的连通方式称为滑阀机能。三位四通和三位五通换向阀才具有滑阀机能。不同的滑阀机能可满足系统的不同要求。表9-1中列出了三位阀常用的5种滑阀机能，而其左位和右位各油口的连通方式均为直通或交叉相通，所以只用一个字母来表示中位的型式。不同机能的滑阀，其阀体是通用件，区别仅在于阀芯台肩结构、轴向尺寸及阀芯上径向通孔的个数不同。

图 9-21　三位四通电磁换向阀

表 9-1　三位换向阀的滑阀机能

	O	H	Y	P	M
符号	A B P T	A B P T	A B P T	A B P T	A B P T
性能特点	泵不卸荷 回油口封闭 执行件封闭	泵卸荷 回油通 执行件浮动	泵不卸荷 执行件浮动	泵不卸荷 执行件差动	泵卸荷 执行件浮闭

 1. 看图 9-22 和图 9-23,分析工作原理

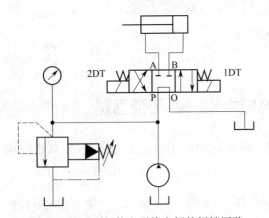

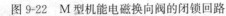

图 9-22　M 型机能电磁换向阀的闭锁回路

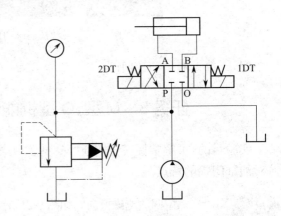

图 9-23　O 型机能电磁换向阀的闭锁回路

　　为了使执行元件在任意位置上停止及防止其停止后窜动,可采用闭锁回路。本实验是用三位四通 M 型图或 O 型图机能换向阀的闭锁回路。当两电磁铁都断电时,阀芯处于中间位置,液压缸的工作油口被封闭。由于缸的两腔都充满了油液,油液又是不可压缩的,所以向左或向右的外力都不能使活塞移动,于是活塞就被双向锁紧。

　　三位四通 M 型机能换向阀处在中位时,油口全闭,油不流动,液压缸锁紧,液压泵卸荷。如有并联的其他执行元件运动将受影响。由于换向阀阀芯与阀体的动配合密封性差,存在泄漏,故锁紧效果较差。由于液压泵卸荷,当油缸空载,且活塞的摩擦力较小时,不会有油缸浮动伸出现象。M 型机能换向阀处在中位,液压泵卸荷。系统压力将受到影响,不能调节到 0.8 MPa,应在0.1~0.3 MPa 之间。当油缸前进或后退到底后,调节的压力才是系统的工作压力。

　　O 型机能换向阀处在中位时,油口全闭,油不流动,液压缸锁紧,液压泵不卸荷。如有并联的其他执行元件运动不受影响。由于换向阀阀芯与阀体的动配合密封性差,存在泄漏,故锁紧效果较差,当油缸空载,且活塞的摩擦力较小时,会有油缸浮动伸缩现象。如果在油缸的行程中间安装行程开关,调节行程开关发出信号的位置,就可使活塞锁紧在任何行程位置。使用 O 型机能换向阀结构简单,使用于锁紧时间短且要求不高的回路中。

　　2. 具体操作:如图 9-24 所示

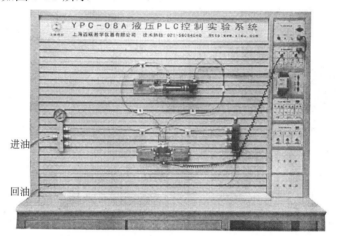

图 9-24　三位四通电磁换向阀在实验台上连接

　　(1)将双作用油缸、三位五通电磁换向阀、进油压力表四通、回油五通等元件安装在实验台上,并使用合适的油管将元件按图连接起来。

　　(2)调试:接通电源,启动油泵,调整油泵出口压力,M 型机能换向阀 0.1~0.3 MPa,O 型机能换向阀 0.8 MPa,操作顺序:电磁铁 1DT 通电油缸活塞缩回,电磁铁 2DT 通电油缸活塞伸出,若油缸活塞伸出行程的一半时,1DT、2DT 同时失电控制,油缸活塞会停在原地不动。方法:先用继电器控制,后用 PLC 控制,使油缸活塞作伸出、缩回运动。

　　3. 主要元件

　　(1)进油压力表四通。

　　(2)回油五通。

　　(3)双作用油缸。

　　(4)"O"型三位四通电磁换向阀。

　　(5)"M"型三位四通电磁换向阀。

任务 4　用液控单向阀的闭锁回路

　　实验目的:掌握液控单向阀的工作原理、基本结构、使用方法和在回路中的作用。通过实验加深对锁紧回路性能的理解。

 液控单向阀:液控单向阀比普通单向阀多一个控制油口,当控制油口不通压力油时,液控单向阀的作用与普通单向阀一样。当控制油口通压力油时,正反向都能导通。实物和元件符号如图9-25所示。

1. 看图9-26分析工作原理

本实验采用液控单向阀及H型三位四通电磁换向阀的双向闭锁回路。在图示位置时,换向阀A口、B口、两个液控单向阀P1口、两个液控单向阀控制口K与回油口O接通,液控单向阀A、B关闭,液压缸两腔均不能回油,于是,活塞被双向锁紧。

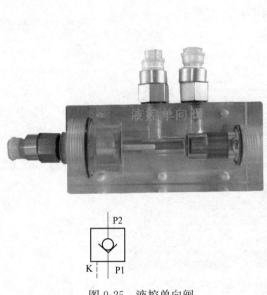

图9-25 液控单向阀

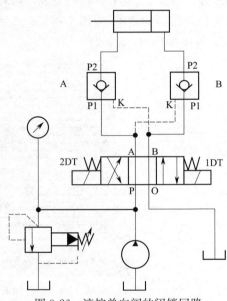

图9-26 液控单向阀的闭锁回路

要使活塞向右运动,则需换向阀1DT通,右位接入系统,液压油经液控单向阀A进入液压缸左腔,同时也进入液控单向阀B的控制油口K,打开阀B,液压缸右腔回油可经液控单向阀B及换向阀回油箱,活塞便向右运动,反之向左。液控单向阀的密封性好,因此锁紧效果较好。

2. 具体操作如图9-27所示

(1)将双作用油缸、H型三位四通电磁换向阀、进油压力表四通、回油五通、液控单向阀等元件安装在实验台上,并使用合适的油管将各元件按图连接起来,电磁阀与PLC电气单元连接起来。

(2)调试:接通电源,启动油泵,调整油泵出口压力0.1～0.3 MPa,操作顺序:当电磁铁1DT得电,油缸活塞退回,当电磁铁2DT得电,油缸活塞伸出,若油缸活塞伸出行程的一半时,1DT、2DT同时失电控制,油缸活塞会停在原地不动。它与任务3是相似的,不同点是由于加了两个液控单向阀,油缸活塞在任何位置都不会产生轻微的移动。

3. 主要元件器材

(1)进油压力表四通。

(2)回油五通。

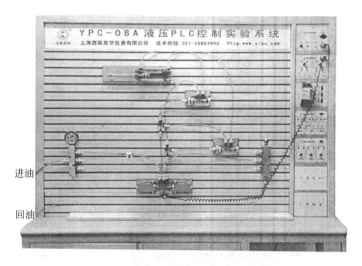

图 9-27   液控单向阀闭锁回路实验台上的连接

（3）双作用油缸。

（4）"H"型三位四通电磁换向阀。

（5）液控单向阀。

任务5   压力调定回路

实验目的：了解掌握直动式溢流阀的结构、工作原理与特性。

预备知识　　1. 直动式溢流阀

一种压力控制阀，它由阀芯、阀体、弹簧、上盖、调节杆和调节螺母等零件组成，当系统压力高于阀内弹簧压力时，阀门被打开，压力油溢出，使系统压力保持恒定值。实物和元件符号如图 9-28 所示。

2. 单向阀

只允许液体沿一个方向流动，反向则被截止的方向阀。实物和元件符号如图 9-29 所示。

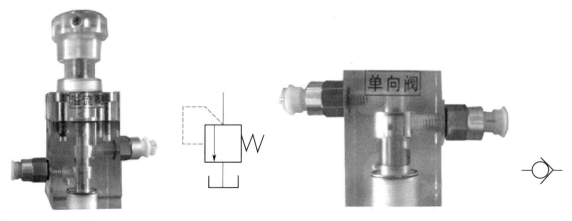

图 9-28   直动式溢流阀　　　　　　　　　　　　　图 9-29   单向阀

3. 调速阀

一种流量控制阀，是进行压力补偿的节流阀，由定差减压阀和节流阀串联而成。调速阀的功能是使调速阀进出口的压差变化保持一个定值。实物和元件符号如图 9-30 所示。

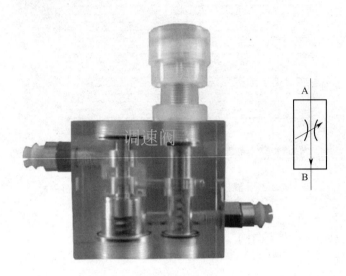

图 9-30　调速阀

　　1. 看图 9-31 分析工作原理

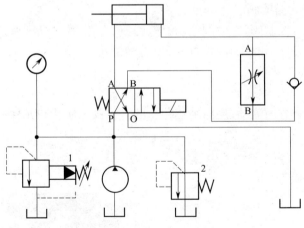

图 9-31　压力调定回路

如图 9-31 所示在定量泵系统中，系统压力是由调定回路进行调节。图中 1 是先导式溢流阀（安装在泵站），图中 2 是直动溢流阀，由直动溢流阀 2 工作原理可知，为了使系统压力近于恒定，液压泵输出的油液除满足系统用油和补偿系统泄漏外，还必须保证有油液经溢流阀流向油箱，这种回路效率较低，一般用于流量不大的情况。

2. 具体操作如图 9-32 所示

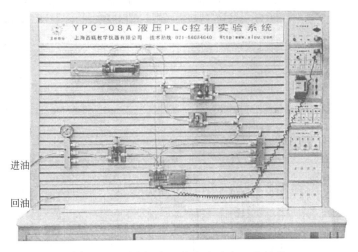

图 9-32　压力调定回路在实验台上的连接

（1）将双作用油缸、二位四通单电磁换向阀、进油压力表四通、回油五通、单向阀、调速阀、溢流阀等元件安装在实验台上，并使用合适的油管将元件按图连接起来，电磁阀与 PLC 电气单元连接起来。

（2）调试：接通电源，启动油泵，调整油泵出口压力 0.8 MPa，直动溢流阀调定系统工作压力，直动式溢流阀在系统中相当于安全阀。实验系统压力：0.5～0.8 MPa，为了油路的连接顺畅，注意单向阀安装方向。当二位四通单电磁换向阀上电时，油缸活塞退回速度可通过调速阀调整，当二位四通单电磁换向阀失电时，调速阀不起作用，油缸活塞快速伸出。

3. 主要元件器材

（1）进油压力表四通。

（2）回油五通。

（3）双作用油缸。

（4）二位四通单电磁换向阀。

（5）溢流阀（直动式）。

（6）调速阀。

（7）单向阀。

任务6　二级压力回路（双向调压回路）

实验目的：进一步认识和理解先导式溢流阀、直动式溢流阀的工作原理、结构性能及其在液压回路中的作用。掌握二级压力控制回路的工作原理及其控制过程；认识二级压力控制回路中，先导式溢流阀、直动式溢流阀在系统工作过程中各自的作用。

操作实习

1. 看图 9-33 分析工作原理

有些液压传动机械在工作过程的各个阶段需要不同的压力，例如活塞上升与下降过程中需要不同的压力，这时就要应用多级压力的回路。图示为先导式溢流阀 1（安装在泵站）、直动式溢流阀 2 分别控制两种工作压力的二级压力回路。当二位四通电磁换向阀得电处于右位时,活塞左行(伸出)是工作行程,进油口压力较高,本实验通过泵站上的先导式溢流阀设定一级工作压力为 0.7 MPa;此时直动式溢流阀 2 不起作用。停止二位四通电磁换向阀处于左位时,活塞右行(非工作行程),系统二级工作压力由直动式溢流阀 2 调定(调定二级工作压力时进口处压力随之下降),数值较小本实验设定为 0.5 MPa。

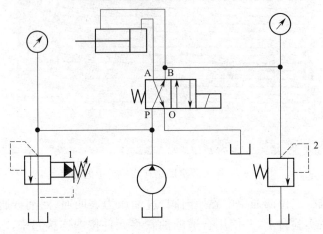

图 9-33　二级压力回路

此实验与任务 5 都采用了直动溢流阀,区别在于任务 5 直动溢流阀放在了泵出口,本实验将直动溢流阀放在了电磁阀的出口,其结果是不同的。

2. 具体操作如图 9-34 所示

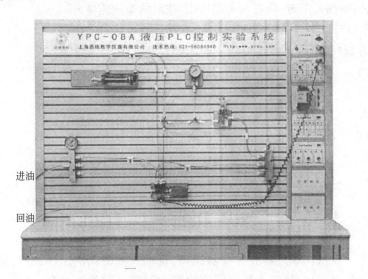

图 9-34　二级压力回路在实验台上的连接

(1)将双作用油缸、二位四通单电磁换向阀、进油压力表四通、回油五通、溢流阀、压力表等元件安装在实验台上,并使用合适的油管将元件按图连接起来,电磁阀与 PLC 电气单元连接起来。

(2)调试:接通电源,启动油泵,调节先导式溢流阀,调整油泵出口压力 0.7 MPa,调节直动式溢流阀,压力可调到 0.5 MPa,电磁换向阀出来的液压油压力可称为二次压力。当二位四通单电磁换向阀失电时,油缸活塞伸出速度可通过溢流阀2调整,当二位四通单电磁换向阀上电时,溢流阀2不起作用,油缸活塞快速伸出。

3. 主要元件器材:

(1)进油压力表四通。

(2)回油五通。

(3)双作用油缸。

(4)二位四通单电磁换向阀。

(5)溢流阀(直动式)。

(6)压力表。

任务7　用减压阀的减压回路

实验目的:了解掌握先导式单向减压阀的工作原理、基本结构和在回路中的作用。

预备知识　　先导式减压阀:利用液体流过阀芯与阀体之间的缝隙,产生压力降,使出口压力低于进口压力的压力阀称减压阀,减压阀有直动式、先导式两种,先导式减压阀可用手动旋钮调整减压阀的压力。实物和元件符号如图9-35所示。

操作实习　　1. 看图9-36分析工作原理

在单泵供油的多个液压缸的液压系统中,当某个执行元件或某一支路所需要的工作压力低于溢流阀调定的系统压力,或要求有较稳定的工作压力时,可采用减压回路。如夹紧油路、控制油路和润滑油路中,其油压常低于主回路中的调定压力。

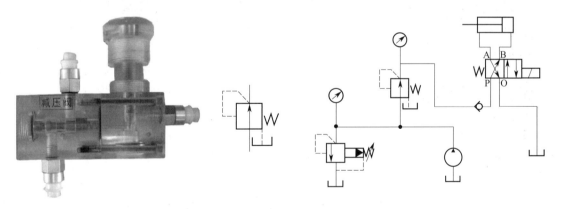

图9-35　先导式减压阀　　　　　　　图9-36　用减压阀的减压回路

本实验是夹紧机构中常用的减压回路。在夹紧缸的油路中,串接一个减压阀,使夹紧缸能获得较低而又稳定的夹紧力。减压阀的出口压力可以从0.5~0.8 MPa范围内调节,当系统压力有波动或负载有变化时,减压阀的出口压力可以稳定不变。图中单向阀的作用是当主系统压力下降到低于减压阀调定压力(如主油路中液压缸快速运动时),起到短时间保压作用,使夹紧缸的夹紧力在短时间内保持不变。

2. 具体操作如图9-37所示

(1)将双作用油缸、二位四通单电磁换向阀、进油压力表四通、回油五通、减压阀、压力表、单向阀等元件安装在实验台上，并使用合适的油管将元件按图连接起来，电磁阀与 PLC 电气单元连接起来。

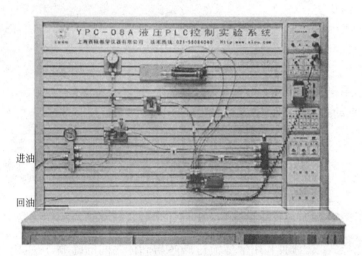

图 9-37   用减压阀的减压回路在试验台上的连接

（2）调试：接通电源，启动油泵，调整油泵出口压力 0.8 MPa（看压力表数值），泵站出口处连接减压阀，经减压阀后油压可调整到 0.5 MPa（看压力表数值），可调整油泵出口压力从 0.6～0.8 MPa，观察减压阀压力表是否有变化，没有变化说明减压阀起作用。当二位四通单电磁换向阀失电时，油缸活塞伸出；当二位四通单电磁换向阀上电时，油缸活塞缩回。

3. 主要元件器材

（1）进油压力表四通。

（2）回油五通。

（3）双作用油缸。

（4）二位四通单电磁换向阀。

（5）减压阀。

（6）单向阀。

（7）压力表。

任务 8   用增压缸的增压回路

实验目的：了解掌握增压缸的工作原理、基本结构和在回路中的作用。

预备知识   增压回路：增压回路是用来使局部油路或个别执行元件得到比主系统压力高的油压，增压的方法很多，本实验是用增压缸的增压回路。增压油缸实物和元件符号如图 9-38 所示。

工作液压缸（弹簧回位油缸）：也可称单作用油缸，一端靠油压推动活塞，另一端靠弹簧复位。实物和元件符号如图 9-39 所示。

补油箱（辅助油箱）：实物如图 9-40 所示。

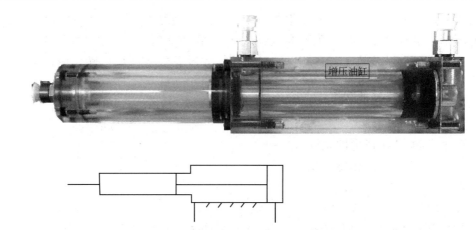

图 9-38 增压油缸

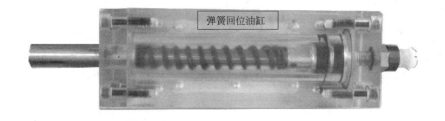

图 9-39 工作液压缸   图 9-40 补油箱

1. 看图 9-41 分析工作原理

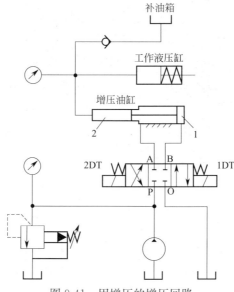

图 9-41 用增压的增压回路

　　增压缸由大、小两个液压缸 1 和 2 组成，1 缸中的大活塞和 2 缸中的小活塞用一根活塞杆连接起来，当压力油进入液压缸 1 的右腔，油压就作用在大活塞上，推动大小活塞一起向左运动，这时 2 缸里就可产生更高的油压，其原理：作用在大活塞左端的力 F 和作用在小活塞右端的力 f 分别为（不计压力损失）：

$$F = PA_1$$
$$f = P_f A_2$$

式中　P——液压缸 1 的压力即系统压力；

　　　A_1——大活塞的有效作用面积；

　　　P_f——液压缸 2 的压力；

　　　A_2——小活塞的有效作用面积；

　　因为大小活塞由一根活塞杆连接在一起，而且运动基本上是匀速，所以，力应该互相平衡，若忽略摩擦力等因素，则：

$F = PA_1, f = P_f A_2, F = f$

即 $PA_1 = P_f A_2$，由于 $A_1 > A_2$，所以 $P_f > P$。

　　上式证明增压缸的小油缸压力比大油缸压力高，起到了增压的作用。图中辅助油箱的主要作用：在工作油缸活塞伸出时，补油箱中油液可以通过单向阀进入油缸 2，补充部分管路的泄漏空间。

　　2. 具体操作：如图 9-42 所示

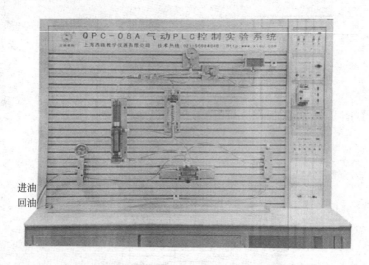

图 9-42　用增压缸的增压回路在实验台上的连接

　　（1）将三位四通双电磁换向阀、进油压力表四通、回油五通、增压油缸、单向阀、工作油缸（弹簧回油油缸）、补油箱（辅助油箱）等元件安装在实验台上，并使用合适的油管将元件按图连接起来，电磁阀与 PLC 电气单元连接起来。

　　（2）调试：接通电源，启动油泵，调整油泵出口压力 0.5 MPa（看压力表数值），观察工作油缸处的压力表，它的数值一定高于泵出口压力，说明使用了增压油缸，压力的确增加了。当 2DT 得电时，增压油缸向左移动，工作液压缸活塞伸出，当 1DT 得电时，增压油缸向右移动，工作液压缸活塞在弹簧作用下缩回。

3. 主要元件器材

(1)进油压力表四通。

(2)回油五通。

(3)增压油缸。

(4)"O"型三位四通双电磁换向阀。

(5)单向阀。

(6)弹簧回位油缸。

(7)辅助油箱。

(8)压力表。

任务9　用换向阀的卸载回路

实验目的：了解掌握用不同换向阀卸载回路的工作原理及其回路的不同作用。

操作实习　　1. 看图 9-43 和图 9-44 分析工作原理

使用卸载回路，当液压系统中的执行停止运动后，卸载回路可使液压泵输出的油液以最小的压力直接流回油箱。可知当油压 P 最小时，液压泵输出功率就最小，这可节省驱动液压泵电动机的动力消耗，减小系统发热。并可延长液压泵的使用寿命。

图 9-43 为用三位四通换向阀的卸载回路。这里的三位换向阀的滑阀机能应为 M、H 等类型。当换向阀处于中位时，液压泵输出的油液可经换向阀中间通道直接流回油箱，实现液压泵卸载。

图 9-44 是用二位二通换向阀的卸载回路。执行元件停止运动时，切换二位二通电磁换向阀，使右位接入系统，这时液压泵输出的油液就可通过二位二通电磁换向阀直接流回油箱，使泵卸载。应用这种油路时，二位二通换向阀除用电动外，还可以选用机动、手动，但它的流量规格应选择能流过液压泵的最大流量。

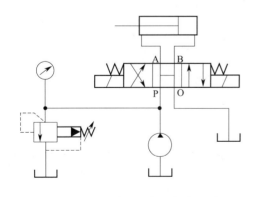

图 9-43　用三位四通阀的卸载回路

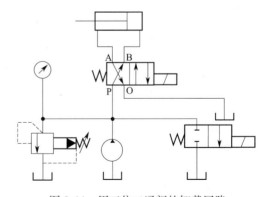

图 9-44　用三位二通阀的卸载回路

2. 具体操作：如图 9-45 和图 9-46 所示

(1)按图 9-45 将双作用油缸、"H"型三位四通双电磁换向阀、进油压力表四通、回油五通等元件安装在实验台上，并使用合适的油管将元件按图连接起来，电磁阀与 PLC 电气单元连接起来。

（2）调试：接通电源，启动油泵，调整油泵出口压力（观察压力表数值），只要电磁阀一端得电，泵站压力表就能显示数值，这时可以调整油泵溢流阀，使泵的出口压力调到0.5MPa，当电磁阀两端都失电时，观察泵的出口压力（即系统压力）应该为0，表示卸载。此实验中的"H"型三位四通双电磁换向阀，可换成"M"型三位四通双电磁换向阀，效果应该是一样的。

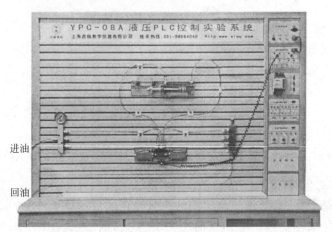

图 9-45　三位四通阀卸载回路在试验台上的连接

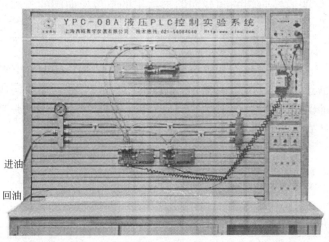

图 9-46　二位二通阀卸载回路在实验台上的连接

（3）按图9-46将双作用油缸、二位四通单电磁换向阀、二位二通单电磁换向阀、进油压力表四通、回油五通等元件安装在实验台上，并使用合适的油管将元件按图连接起来，电磁阀与PLC电气单元连接起来。

（4）调试：接通电源，启动油泵，调整油泵出口压力0.5 MPa，当二位二通单电磁换向阀得电，换向到右位，观察泵的出口压力（即系统压力）应该为0，表示卸载。

3. 主要元件器材

（1）进油压力表四通。

（2）回油五通。

（3）双作用油缸。

（4）二位四通电磁换向阀。

（5）二位二通电磁换向阀。

（6）"H"型三位四通电磁换向阀。

（7）"M"型三位四通电磁换向阀。

任务 10　速度控制基本回路（进油节流调速回路）

实验目的：了解掌握采用直动式节流阀的结构与工作原理，及其在进油节流调速回路中，不同节流口面积时的速度调节特性。

预备知识　　　节流阀：一种最基本的流量控制阀，例如日常用的水龙头也算一种节流阀，工作原理是通过旋转使阀芯移动，改变阀口的开口大小来改变流量。实物和元件符号如图 9-47 所示。

操作实习　　1. 看图 9-48 分析工作原理

把流量控制阀装在进油路上，称为进油节流调速回路。如图 9-48 所示，液压泵输出的油液，经节流阀进入液压缸，推动活塞运动。一般情况下总有多余油液经溢流阀回油箱，这样，液压泵工作压力就恒定在溢流阀（泵站上溢流阀）所调定的压力上。

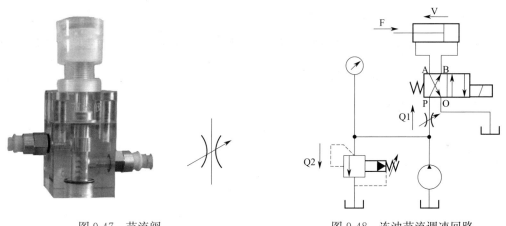

图 9-47　节流阀　　　　　　　　　图 9-48　连油节流调速回路

进油节流调速回路性质：

结构简单，使用方便。由于活塞运动速度与节流阀的通过流量截面积成正比，调节节流阀的通过流量截面积，即可方便地调节活塞运动速度。

速度的稳定性较差，因液压泵工作压力经溢流阀调定后近似恒定，节流阀的通过流量面积调定后也不变，活塞有效作用面积为常数，所以活塞运动速度将随负载的变化而波动。低速低载时系统效率低，因为系统工作时，液压泵输出的流量和压力均不变，因此液压泵输出功率是定值，这样执行元件在低速低载下工作时，液压泵输出功率中有很大部分白白消耗在溢流阀和节流阀上，并使油液发热。运动平稳性能差，因为液压缸回油直接通油箱，回油路压力（又称背压力）为 0，当负载突然变小、消失或为负值时，活塞也要突然前冲，为提高进油调速回路运动的平稳性，通常在回油路上串接一个背压阀（用溢流阀或用换装硬弹簧的单向阀作背压阀）。进油节流调速回路一般应用在功率较小负载变化不大的液压系统中。

2. 具体操作:如图 9-49 所示

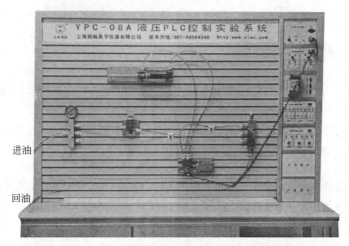

图 9-49　进油节流调速回路在实验台上的连接

（1）按 9-49 图将双作用油缸、二位四通单电磁换向阀、节流阀、进油压力表四通、回油五通等元件安装在实验台上,并使用合适的油管将元件按图连接起来,电磁阀与 PLC 电气单元连接起来。

（2）调试:接通电源,启动油泵,调整油泵出口压力到 0.5 MPa。使二位四通单电磁换向阀断电、通电,双作用油缸伸出、缩回,同时调整节流阀的旋钮,可以观察油缸伸出、缩回快慢的速度变化。

3. 主要元件器材

（1）进油压力表四通。

（2）回油五通。

（3）双作用油缸。

（4）二位四通单电磁换向阀。

（5）节流阀。

知识扩展　回油节流调速回路与进油节流调速回路调速特性基本相同。由于回油路上有较大的背压力,在外界负载变化时可起缓冲作用,运动平稳性比进油节流调速回路要好。此外,回油节流调速回路中,经节流阀发热的油随即流回油箱,容易散热。而进油节流调节回路经节流阀而发热的油液是进入了液压缸,回路热量增多,油液黏度会下降,泄漏就增加,综上所述,回油节流调速回路优于进油节流调速回路,它广泛用于功率不大,负载变化较大或要求运动平稳的系统中。

操作实习　1. 看图 9-50 分析工作原理

图 9-50 与图 9-48 相比较,区别只有一点,节流阀放的位置不同,图 9-48 放在二位四通阀的 P 口,而图 9-50 放在二位四通阀的 O 口 。

2. 具体操作:如图 9-51 所示

安装与调试与进油节流调速回路相同。

3. 主要元件器材:与进油节流调速回路相同

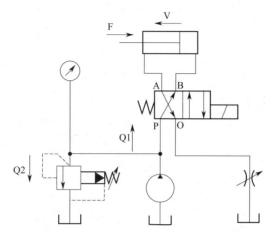

图 9-50　回油节流调速回路

图 9-51　回油节流调速在实验台上的连接

任务 11　调速齿轮泵容积调速回路

实验目的：了解掌握调速齿轮泵的容积调速回路工作原理，及其调速特性。

预备知识　　　　调速齿轮泵容积调速回路的原理：通过调整泵站中直流电机的转速使齿轮泵的排量（容积）改变来调节执行元件的运动速度。

操作实习　　1. 看图 9-52 分析工作原理

　　　　调速齿轮泵的容积调速回路采用调节齿轮油泵转速方式，以改变输油量的大小，从而改变了活塞运动的速度。液压泵输出的压力油全部进入液压缸，推动活塞运动。系统中的溢流阀（泵站）起安全保护作用，在系统过载时才打开溢流，从而限定了系统的最高压力。

　　　　实验中为了便于观察油缸的运动速度，增设了行程开关自动循环控制功能。与节流调速

相比,容积调速的主要优点是效率高(压力与流量的损耗少),回路发热少。适用于功率较大的
液压系统中。

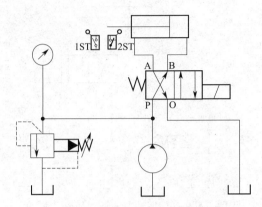

图 9-52　调速齿轮泵容积调速回路

2. 具体操作:如图 9-53 所示

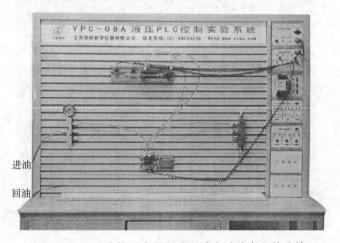

图 9-53　调速齿轮泵容积调速回路在试验台上的连接

（1）按图 9-53 将双作用油缸、二位四通单电磁换向阀、进油压力表四通、回油五通、微动行
程开关等元件安装在实验台上,并使用合适的油管将元件按图连接起来,电磁阀与 PLC 电气
单元连接起来。

（2）调试:接通电源,启动油泵,调整油泵出口压力到 0.5 MPa。调整泵站直流电机的
转速,使齿轮泵的排量改变,来调节油缸活塞的运动速度。两微动开关在活塞运行的两
端,当开关 1ST 压下,电磁阀的电磁铁得电,油缸活塞缩回;当开关 2ST 压下,电磁阀的
电磁铁失电,油缸活塞伸出。同时调整直流电机的转速,可以观察油缸伸出、缩回速度有
快慢的变化。

3. 主要元件器材

（1）进油压力表四通。

（2）回油五通。

（3）双作用油缸。

（4）二位四通单电磁换向阀。

（5）微动行程开关（常开 1 只、常闭 1 只）。

任务 12　调速齿轮泵和调速阀的容积节流复合调速回路

实验目的：进一步了解掌握调速齿轮泵及调速阀的容积节流复合调速回路工作原理，及其调速特性。

操作实习

1. 看图 9-54 分析工作原理

实验用调速齿轮泵和调速阀相配合来进行调速，它就是常见容积节流复合调速。这种调速方法具有工作稳定，效率较高等优点。调节调速阀节流口的大小，就能改变进入液压缸的流量，因而改变了液压缸的运动速度。如果调节调速阀使其流量为 Q_1，液压泵的流量为 Q，且 $Q > Q_1$，由于系统中的溢流阀起安全保护作用，设定的开启压力较高，在系统过载时才打开溢流，所以多余的油没有去处，势必使液压泵和调速阀之间的油路压力升高，而液压泵当工作压力增大到预先调定数值以后，泵的流量会随着工作压力的增加而自动减小，直到 $Q = Q_1$ 为止。液压缸工作的运动速度在这种回路中，泵的输油量与系统的需油量（即调速阀的通过流量）是相适应的。因此效率高、发热低。同时，由于采用了调速阀，基本上不随油缸负载而变化，即使在较低的速度下工作时，运动也较稳定。

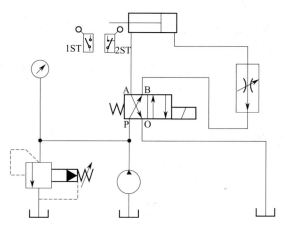

图 9-54　调速齿轮泵和调速阀复合调速回路

2. 具体操作：如图 9-55 所示

（1）按图 9-55 将双作用油缸、二位四通单电磁换向阀、进油压力表四通、回油五通、调速阀、微动行程开关等元件安装在实验台上，并使用合适的油管将元件按图连接起来，电磁阀、微动行程开关与 PLC 电气单元连接起来。

（2）调试：接通电源，启动油泵，调整油泵出口压力到 0.5 MPa。先调整泵站直流电机的转速，使齿轮泵的排量改变，来调节油缸活塞的运动速度。调节调速阀节流口的大小，也能改变进入液压缸的流量，进而改变了液压缸活塞的运动速度，调速阀还可保证油缸的负载变化时，油缸的进给速度保持不变。

3. 主要元件器材

（1）进油压力表四通。

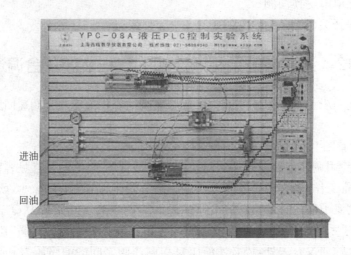

图 9-55 调速齿轮泵和调速阀复合调速回路在实验台上的连接

（2）回油五通。

（3）双作用油缸。

（4）二位四通电磁换向阀。

（5）调速阀。

（6）微动行程开关（常开 1 只、常闭 1 只）。

任务 13 调速阀短接的速度换接回路

实验目的：调速阀短接的速度换接回路，是一种应用广泛的调速回路，通过本实验能熟练的掌握其调速的工作原理及其特性。

1. 看图 9-56 分析工作原理

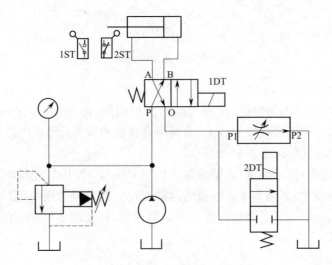

图 9-56 调速阀短接的速度换接回路

　　本实验为用短接调速阀的速度换接回路。当回油路上的二位二通电磁换向阀 2DT 得电时,调速阀被短接,回油直接经二位二通电磁换向阀流回油箱,活塞运动速度转换为快速工进。反之,当回油路上的二位二通电磁换向阀失电时,回油经调速阀流回油箱,节流阀调至最小时活塞运动速度变慢,调至最大时活塞运动速度变快。

　　本实验中,增设了行程开关自动控制二位二通电磁换向阀。这种回路比较简单,应用相当普遍。

　　2. 具体操作:如图 9-57 所示

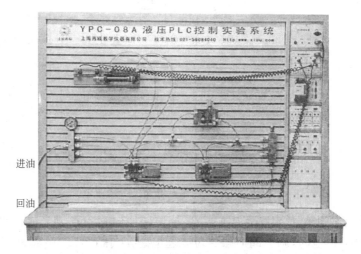

图 9-57　调速阀短接的速度换接回路在实验台上的连接

　　(1)按图 9-57 将双作用油缸、二位四通单电磁换向阀、二位二通单电磁换向阀、进油压力表四通、回油五通、调速阀、微动行程开关等元件安装在实验台上,并使用合适的油管将各元件按图连接起来,电磁阀、微动行程开关与 PLC 电气单元连接起来。

　　(2)调试:接通电源,启动油泵,调整油泵出口压力 0.8 MPa,由于液压元件,存在内泄漏。为了达到调速实验效果,应使泵站处于高转速。当调速阀中的节流阀调至最小,活塞运动速度变慢,二位二通电磁换向阀得电,观察活塞运动速度是否变快,二位二通电磁换向阀得失电,必须在活塞运动中进行,这样才能观察出来。

　　3. 主要元件器材

　　(1)进油压力表四通。

　　(2)回油五通。

　　(3)双作用油缸。

　　(4)二位四通单电磁换向阀。

　　(5)二位二通单电磁换向阀。

　　(6)调速阀。

　　(7)微动行程开关(常开 1 只、常闭 1 只)。

任务 14　调速阀串联的二次进给回路

　　实验目的:调速阀串联的速度换接回路,是一种常用的调速回路,通过本实验能熟练的掌握其调速的工作原理及其特性。

 　1. 看图 9-58 分析工作原理

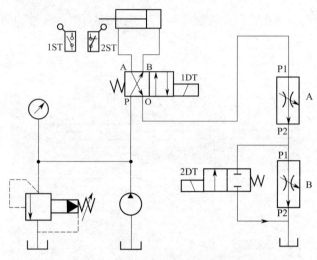

图 9-58　调速阀串联的速度换接回路

　　本实验通过调速阀 A、B 串联后,由二位二通电磁换向阀 2DT 进行速度换接控制。二位二通电磁换向阀 2DT 得电时,调速阀 B 被二位二通电磁换向阀 2DT 短接,液压缸的流量由调速阀 A 控制。当二位二通电磁换向阀 2DT 失电时,由于通过调速阀 B 的流量调的比 A 小,所以输入液压缸的流量由调速阀 B 控制。在这种回路中调速阀 A 一直处于工作状态,它在速度换接时限制着进入调速阀 B 的流量,因此它的速度换接平稳性较好。但由于油液经过两个调速阀,所以能量损失较大。

　　2. 具体操作:如图 9-59 所示

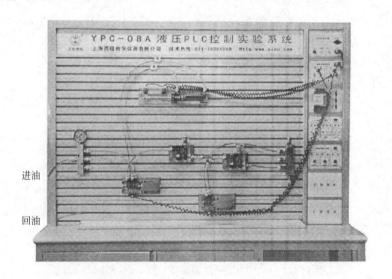

图 9-59　调速阀串联的速度换接回路在实验台上的连接

（1）按图 9-59 将双作用油缸、二位四通单电磁换向阀、二位二通单电磁换向阀、进油压力表四通、回油五通、调速阀、微动行程开关等元件安装在实验台上，并使用合适的油管将各元件按图连接起来，电磁阀、微动行程开关与 PLC 电气单元连接起来。

（2）调试：接通电源，启动油泵，调整油泵出口压力 0.5 MPa，先接通二位二通单电磁换向阀 2DT，回油经过 A 调速阀后直接回油箱，再使二位二通单电磁换向阀 2DT 失电，回油经过 A 调速阀又经过 B 调速阀后会油箱，因调速阀 B 的流量调的比 A 小，所以输入液压缸的流量由调速阀 B 控制，活塞更慢些。电磁换向阀 2DT 动作必须在油缸活塞运动中进行。

3. 主要元件器材

（1）进油压力表四通。

（2）回油五通。

（3）双作用油缸。

（4）二位四通单电磁换向阀。

（5）二位二通单电磁换向阀。

（6）调速阀。

（7）微动行程开关（常开 1 只、常闭 1 只）。

知识扩展　调速阀并联的二次进给回路

实验目的：调速阀并联的速度换接回路，是另一种常用的调速回路，通过本实验进一步掌握其调速的工作原理及其特性。

操作实习　1. 看图 9-60 分析工作原理

本实验将调速阀 A、B 并联后，通过二位四通电磁换向阀 2DT 进行速度换接控制。（二位四通电磁换向阀 P 口必须用塑料油塞封掉。也可以采用二位三通电磁换向阀）二位四通电磁换向阀 2DT 失电时，调速阀 A 被二位四通电磁换向阀接入，液压缸的流量由调速阀 A 控制。二位四通电磁换向阀 2DT 得电时，调速阀 B 被二位四通电磁换向阀接入，液压缸的流量由调速阀 B 控制。

本实验两个调速阀可以独立地调节各自的流量，互不影响；但是，一个调速阀工作时另一个调速阀内无油通过，它的减压阀处于最大开口位置，因而速度换接时大量油液通过该处将使机床工作部件产生突然前冲现象。因此它不宜用于在工作过程中的速度换接，只可在速度预选的场合应用。

2. 具体操作：如图 9-61 所示

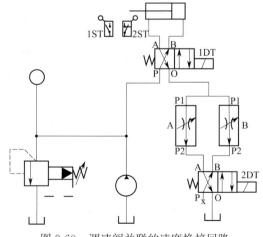

图 9-60　调速阀并联的速度换接回路

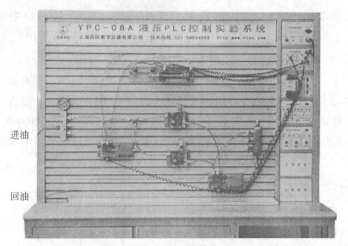

图 9-61　调速阀并联的速度换接回路在实验台上的连接

（1）按图 9-61 将双作用油缸、二位四通单电磁换向阀、二位二通单电磁换向阀、进油压力表四通、回油五通、调速阀、微动行程开关等元件安装在实验台上，并使用合适的油管将元件按图连接起来，电磁阀、微动行程开关与 PLC 电气单元连接起来。

（2）调试：接通电源，启动油泵，调整油泵出口压力 0.5 MPa。在二位二通单电磁换向阀 2DT 失电的状态下，试 A 调速阀，在二位二通单电磁换向阀 2DT 得电的状态下，试 B 调速阀，为了便于观察效果，可以将两调速阀的节流阀开口一个大些，一个小些。

3. 主要元件器材：与调速阀串联的二次进给回路相同

任务 15　用顺序阀的顺序动作回路

实验目的：了解掌握多缸工作控制基本回路，顺序阀的工作原理、基本结构和在回路中的作用。

顺序阀：一种压力控制阀，利用压力来控制阀口通断，主要功能是以压力为信号，使多个执行元件自动按顺序动作。实物和元件符号如图 9-62 所示。

1. 看图 9-63 分析工作原理

本实验是利用顺序阀分别控制两个液压油缸先后运动的顺序，如图9-63所示，夹紧液压缸与钻孔液压缸依 1-2-3-4 的顺序动作。动作开始使二位四通电磁换向阀通电，使其右位接入系统，压力油只能进入夹紧缸右腔，回油经单向阀 D1 回油箱，实现动作 1。活

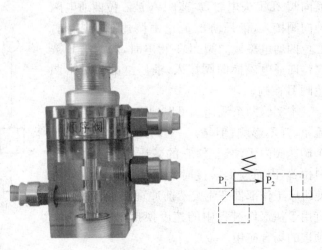

图 9-62　顺序阀

塞左行到达终点后,夹紧工件,系统压力升高,打开阀顺序阀 F2,压力油进入钻孔缸右腔,回油经二位四通电磁换向阀回油箱,实现动作 2。钻孔完毕后,二位四通电磁换向阀断电,使回路处于图示状态,压力油先进入钻孔缸左腔,回油路经单向阀 D2 回油箱,实现动作 3,钻头退回。右行到达终点油压升高,打开顺序阀 F1,压力油进入夹紧压缸左腔,回油经二位四通电磁换向阀回油箱,实现动作 4,至此完成一个工作循环。

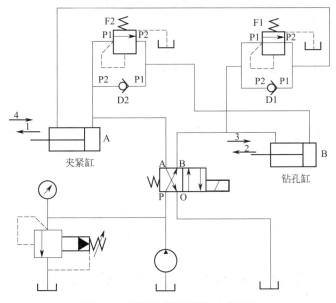

图 9-63　用顺序阀的顺序动作回路

这种顺序动作回路的可靠性在很大程度上取决于顺序的性能和压力调定值。为了保证严格的动作顺序,应使顺序阀的调定压力大于先动作的液压缸的最高工作压力。否则顺序阀可能在压力波动下先行打开,使钻孔液压缸产生先动现象(也就是工件未夹紧就钻孔),影响工作的可靠性。此回路适用于液压缸数目不多,阻力变化不大的场合。

2. 具体操作:如图 9-64 所示

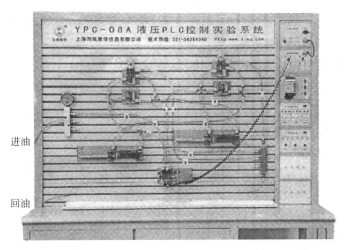

图 9-64　用顺序阀的顺序动作回路在实验台上的连接

　　(1)按图 9-64 将双作用油缸、二位四通单电磁换向阀、顺序阀、单向阀、进油压力表四通、回油五通等元件安装在实验台上,并使用合适的油管将元件按图连接起来,电磁阀与 PLC 电气单元连接起来。

　　(2)调试:接通电源,启动油泵,调整油泵出口压力 0.8 MPa。首先二位四通单电磁换向阀得电,夹紧油缸活塞伸出(夹紧动作),活塞到终点后,压力升高,顺序阀 F2 打开,电磁阀 A 处油进入钻孔油缸 B(油缸右腔),钻孔油缸活塞伸出(钻孔开始),活塞全部伸出,钻孔完毕,二位四通单电磁换向阀失电,钻孔油缸活塞缩回,钻孔油缸压力升高,顺序阀 F1 打开,电磁阀 B 处油进入夹紧油缸左腔,夹紧油缸活塞缩回(松开动作)。单向阀 D1、D2 开启压力应该对称并调到较小(弹簧较短或取出弹簧)。为了油路的连接顺畅,单向阀 D1、D2 注意方向。

　　3. 主要元件器材

　　(1)进油压力表四通。

　　(2)回油五通。

　　(3)双作用油缸。

　　(4)二位四通单电磁换向阀。

　　(5)顺序阀。

　　(6)单向阀。

任务 16　　用压力继电器的顺序动作回路

实验目的:了解掌握压力继电器的的结构与工作原理,及其组成的自动控制回路。

　　　　压力继电器是一种液、电信号转换元件。当控制油压达到调定值时,便触发电气开关发出电气控制信号,用于控制电动机、电磁铁、电磁离合器的等动作,或者泵站的加载或卸荷、执行元件顺序动作、系统安全保护和元件动作联锁等。实物和元件符号如图9-65所示。

1. 看图 9-66 分析工作原理

　　本实验中,增加了三只行程开关,达到油缸 A、B 顺序按照 1-2-3-4 程序自动循环控制的功能:启动泵站后,油缸 A 首先工进左行实现动作 1,到底后压力增大,压力继电器触点闭合。压力继电器常开启动触点通过继电器控制单元,为 2DT 提供启动控制信号(电路具有自保功能)。油缸 B 工进左行,实现动作 2。油缸 B 工进到底,触发行程开关 3ST 常开启动触点,为 1DT 提供启动信号,油缸 A 复位右行,实现动作 3。油缸 A 右行复位到底,撞块触发行程开关 1ST。1ST 常闭停止信号,使 2DT 失电,油

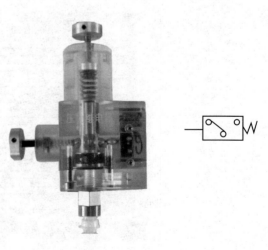

图 9-65　压力继电器

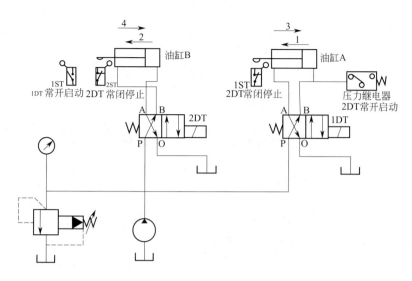

图 9-66　用压力继电器的顺序动作回路

缸 B 右行复位,实现动作 4。

2. 具体操作:如图 9-67 所示

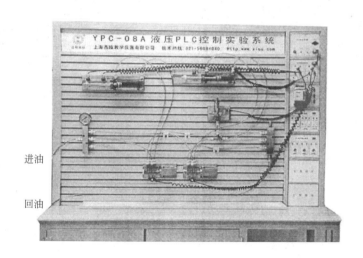

图 9-67　用压力继电器的顺序动作回路在实验台上的连接

（1）按图 9-67 将双作用油缸、二位四通单电磁换向阀、进油压力表四通、回油五通、压力继电器、微动开关等元件安装在实验台上,并使用合适的油管将各元件按图连接起来,电磁阀与 PLC 电气单元连接起来。

（2）调试:接通电源,启动油泵,调整油泵出口压力 0.7 MPa。压力继电器的压力要调整合适,即油缸 A 在全部伸出时要发出电信号,微动开关被活塞压下时,同样要发出电信号,这样才能保证各部动作按顺序进行。

3. 主要元件器材

（1）进油压力表四通。

（2）回油五通。

（3）双作用油缸。

（4）二位四通单电磁换向阀。

（5）压力继电器。

（6）微动开关。

任务 17   用行程开关的顺序动作回路

实验目的：了解掌握行程开关控制的双缸顺序动作回路。

1. 看图 9-68 分析工作原理

由于行程开关控制的顺序动作回路，只需改变电气线路即可改变动作顺序，行程开关相比液压元件小得多，使用方便，可靠性好，故应用十分广泛。

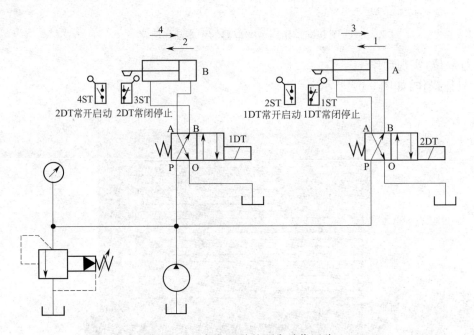

图 9-68   用行程开关的顺序动作回路

如图 9-68 所示，在本实验中，2DT 失电状态时，油缸 A 活塞左行完成动作 1。同时，活塞撞块触压行程开关 2ST，输出常开启动信号，行程开关 2ST 常开启动信号使 1DT 得电，油缸 B 活塞左行完成动作 2。同时活塞撞块触压行程开关 4ST，输出常开启动信号。行程开关 4ST 常开启动信号使 2DT 通电，油缸 A 返回实现动作 3。同时，活塞撞块触压行程开关 1ST，输出常闭停止信号。行程开关 1ST 常闭停止信号使 1DT 失电，油缸 B 返回，实现动作 4。同时，活塞撞块触压行程开关 3ST，输出常闭停止信号。使 2DT 失电，油缸 A 活塞左行完成动作 1，完成一个工作循环。

2. 具体操作：如图 9-69 所示

（1）按图 9-69 将双作用油缸、二位四通单电磁换向阀、进油压力表四通、回油五通、微动开关等元件安装在实验台上，并使用合适的油管将各元件按图连接起来，电磁阀与 PLC 电气单元连接起来。

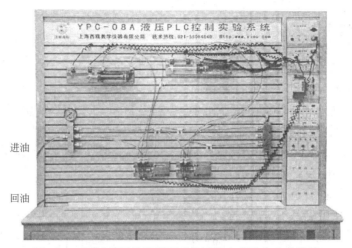

图 9-69　用行程开关的顺序动作回路在实验台上的连接

（2）调试：接通电源，启动油泵，调整油泵出口压力 0.5 MPa。按上述工作原理完成油缸 1→2→3→4循环过程。注意微动开关的位置及压下后是否发出电信号。

3. 主要元件器材

（1）进油压力表四通。

（2）回油五通。

（3）双作用油缸。

（4）二位四通单电磁换向阀。

（5）微动开关。

任务 18　用行程换向阀的顺序动作回路

实验目的：了解掌握行程换向阀的结构与工作原理，及其组成的自动控制回路。

 　　行程换向阀：一种方向控制阀，阀芯一端为弹簧，另一端为机动外力（本例为油缸 A 的活塞推力），实现二位四通液体的换向。实物和元件符号如图 9-70 所示。

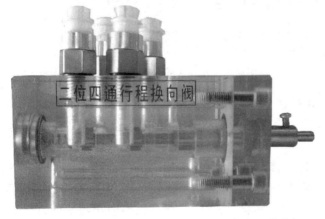

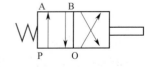

图 9-70　行程换向阀

操作实习

1. 看图 9-71 分析工作原理

二位四通电磁换向阀 1DT 左位接入系统，液压缸 A 活塞向左运动实现动作 1。液压缸 A 到达终点时，把二位四通行程换向阀压入，二位四通行程换向阀换向，液压缸 B 向左运动实现动作 2。同时，液压缸 B 到达终点时，触发行程开关 2ST。行程开关 2ST 为二位四通电磁换向阀 1DT 提供常开启动信号。液压缸 A 活塞向右运动实现动作 3。同时，当液压缸 A 离开行程换向阀时，行程换向阀复位，液压缸 B 向右运动同时实现动作 3。同时，液压缸 B 回到起点时，触发行程开关 1ST。行程开关 1ST 为二位四通电磁换向阀 1DT 提供常闭停止信号。二位四通电磁换向阀换向，液压缸 A 活塞向左运动实现动作 1。依次循环，实现了按 1-2-3-3 的顺序动作。

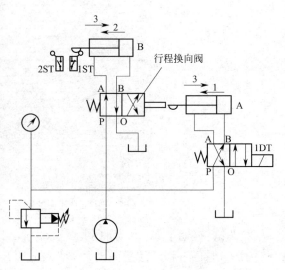

图 9-71　用行程换向阀的顺序动作回路

2. 具体操作：如图 9-72 所示

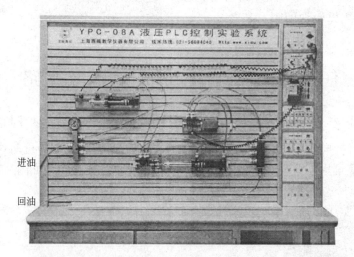

图 9-72　用行程换向阀的顺序动作回路在实验台上的连接

（1）按图 9-72 将双作用油缸、二位四通单电磁换向阀、二位四通行程阀、进油压力表四通、回油五通等元件安装在实验台上，并使用合适的油管将各元件按图连接起来，电磁阀与 PLC 电气单元连接起来。

（2）调试：接通电源，启动油泵，调整油泵出口压力 0.5 MPa。按上述工作原理完成油缸 1→2→3→3 循环过程。采用行程换向阀的顺序动作回路，工作较可靠，但行程阀只能安装在工作台附近，注意：改变动作顺序也比较困难。实验时，为了防止行程换向阀与油缸 A 位置的相对移动，可以在两端安装压板进行定位。

3. 主要元件器材

(1)进油压力表四通。

(2)回油五通。

(3)双作用油缸。

(4)二位四通单电磁换向阀。

(5)二位四通行程阀。

(6)微动开关。

项目十　气动基础实训

气动控制是用压缩空气作为传递动力的工作介质。利用气动元件构成控制回路,完成一系列机械动作。气动使用空气为介质,成本低。排气无需管路,对环境污染小。气动装置结构简单、轻便,安装维护更方便。全气动控制具有防火、防爆、耐潮等特点,安全性能好。气动控制的缺点是输出的力矩较小。

SX-813A 气动基础实训设备为教学基础,以实物演示的方法,展示气动元件的结构及工作原理,在实验台上可以组合出各种气动回路,如:方向控制回路、速度控制回路、压力控制回路、延时控制回路、顺序控制回路、过载保护回路、缓冲回路、互锁回路等。通过演示讲解气动回路的原理,大大提高了学员对学习的兴趣,达到培养学生理论与实践相结合的目的。

任务 1　SX-813A 气动实验台基本结构介绍

SX-813A 气动实验台主要包括:钢质柜式实验台、气动元件、电气控制模块、空气压缩机、元件固定配置板、工具及附件等,如图 10-1 所示。

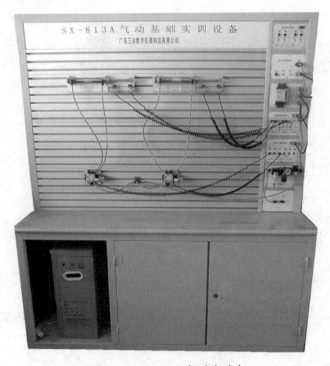

图 10-1　SX-813A 气动实验台

预备
知识　元件配置板如下：

1. 电气控制器件

（1）直流电源控制板

交流输入变压后直流输出，如图 10-2 所示。

输入电压：　AC　220V　50Hz

输　　出：　DC　24V/2.5A　　　AC 220V

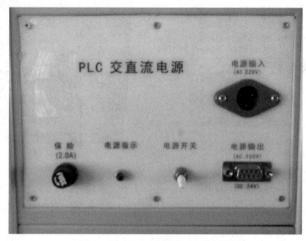

图 10-2　PLC 直流电源控制板

（2）继电器控制板

如图 10-3 所示具有两组功能相同且独立控制电路。每组控制电路具有换向 1、换向 2、停止按钮；常开启动输入插孔、常闭停止输入插孔；控制相应的电磁阀组输出，每组的输出 1 输出 2 具有互锁功能。

（3）PLC 控制模块

如图 10-4 所示为 PLC 控制模块。PLC 控制模块通过 PLC 电气输入模块和 PLC 电气输出模块来控制气动回路

图 10-3　继电器控制板

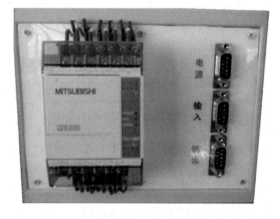

图 10-4　PLC 模块

PLC 电气输入控制模块如图 10-5 所示，停止按钮均串联常闭停止输入插孔，其他控制电

路按钮均并联常开启动输入插孔，利于外接控制。电磁阀组输出 Y0、Y1 及 Y2、Y3（Y4、Y5）具有互锁输出功能。

PLC 电气输出模块如图 10-6 所示，它具有三组功能电路。控制组一按钮控制电磁阀 Y0、Y1，控制组二按钮控制电磁阀 Y2、Y3，辅助控制组按钮控制电磁阀 Y4、Y5。

图 10-5　PLC 电气输入模块

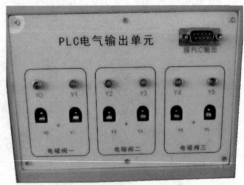

图 10-6　PLC 电气输出模块

操作组合按键：控制组一停止按钮＋按钮 a＋按钮 b，可以调用专用控制程序（Y0、Y1、Y2、Y3）以适应不同的控制要求。同时，也可以根据电气控制原理图重新自行编程，针对不同的实验控制要求，实现各种逻辑控制。

（4）FXis-14MR 三菱 PLC 控制程序的调用与设置

1）调用与设定控制程序前，应断开所有的输入（输出）模块的输入（输出）信号插头，连接各 PLC 控制模块的电缆，接通电源。

2）调用程序：同时操作输入模块上的组合按键：控制组一停止按钮＋按钮 a＋按钮 b。

3）输出模块指示当前程序状态：Y0-Y5 全部闪烁表示将执行通用程序控制。Y0 闪烁表示将执行 Y0 专用程序控制控制，Y1 闪烁表示将执行 Y1 专用程序控制；……；Y5 闪烁：表示将执行 Y5 专用程序控制（根据 PLC 中的实际程序数量循环）。

4）程序选择：操作"按钮 a"循序递增；操作"按钮 b"循序递减。根据输出模块指示，选择当前程序。

5）退出程序调用：同时操作输入模块上的组合按键：控制组一停止按钮＋按钮 a＋按钮 b。

6）严格按照说明书中的专用控制程序的控制要求，接入输入（输出）控制信号。

7）PLC 断电重新启动后，自动恢复到通用控制程序状态。在控制过程中严禁 PLC 断电重启。

（5）通用程序的控制功能

为试验台设计的气动 PLC 通用控制程序，它具有三组功能电路。控制组一按钮控制电磁阀 Y0、Y1。控制组二按钮控制电磁阀 Y2、Y3。辅助控制组按钮点动控制电磁阀 Y4、Y5。输入控制电路的停止按钮均串联常闭停止输入插孔。其他控制电路均并联常开启动输入插孔，以利于外接控制。电磁阀组输出 Y0、Y1 及 Y2、Y3 具有互锁输出功能。

PLC 断电重新启动后，自动恢复到通用控制程序状态。

（6）FXIS-14MR 三菱 PLC 编程软件的安装与程序上载下载

产品附配的光盘内有相应的《PLC 编程软件》和《编程软件安装指南视频》以及《PLC 控制

程序》,可根据指南安装相应的软件,以及自行进行控制程序的编程。

　　PLC与电脑的连接:PLC编程软件安装完成后,连接PLC模块与电源模块,然后用SC-09数据线将PLC与电脑连接(参见FXls系列微型可编程控制器的使用手册)。PLC要在通电状态下才能与电脑连接进行数据通信。开启电源PLC模块上PLC的电源指示灯亮,拨动PLC模块上数据线接口旁的RUN/STOP开关,可使PLC处于"RUN"运行状态(RUN及POWER指示灯亮)。

　　程序上载步骤:

　　1)将PLC与电脑连接。

　　2)打开电脑上的PLC编程软件,再打开要上载的程序文件。

　　3)拨动PLC模块上数据线接口旁的RUN/PROG开关,使PLC处于"STOP"编程通电状态(PROG及POWER指示灯亮)。

　　4)在软件菜单栏点击"在线"下的"PLC写入"或者工具栏图标,点击"执行"确定即可。

　　程序下载步骤:

　　1)将PLC与电脑连接。

　　2)打开PLC编程软件。

　　3)拨动PLC模块上数据线接口旁的RUN/PROG开关,使PLC处于"STOP"编程通电状态(PROG及POWER指示灯亮)

　　4)在软件菜单栏点击"在线"下的"PLC读取"或者工具栏 图标,在弹出的对话框中按图所示选择,点击"执行"确定即可。

　　2. 气源部件

　　(1)空气压缩机

　　空气压缩机是将电动机的机械能转化为气体能的装置。本试验台采用了MINGBAO空气压缩机,其具有造型美、重量轻、耗电省、噪声低、搬运方便等优点,如图10-7所示。

图10-7　空气压缩机

气压自动开关的调节：它的作用是储气罐内压力低于下限时接通电源，压缩机工作对储气罐进行充气。储气罐内压力高于上限时关闭电源，压缩机停止对储气罐进行充气。一般出厂时上限设定略小于 0.8 MPa，压力设定不能大于安全阀的开启压力；下限设定 0.5 MPa 左右，略高于实验回路的工作压力，不能过高造成压缩机频繁启动。

安全阀的测试与恢复：安全阀出厂时设定为 0.8～0.9 MPa，当储气罐内压力大于设定压力时，安全阀自动打开放气。一般检查安全阀是否有效的办法：当气源充足时，拉起安全阀上的拉环就会放气并发出强烈的声音，推入安全阀的阀芯就会关闭漏气即可。

空气压缩机长期使用后，储气罐内会积留大量的水。应打开空气压缩机底部的螺栓定期排放。

压缩机运转时间过长会产生热量，因而使用时应将空气压缩机放置在阴凉透风处，切勿放在阳光爆晒或潮湿位置。

（2）空气过滤器、减压阀和油雾器三联件

由空气压缩机出来的空气中，含有水雾灰尘等杂质，因而不能直接供给气动系统使用，必须经过气源处理装置处理，使之符合气动装置的使用要求。工程上常常利用气源处理组合三联件（空气过滤器、减压阀和油雾器），对压缩机出口的压缩气体进行净化、减压和添加雾化润滑油，提供气动装置以洁净、压力适宜、含有雾化润滑油的压缩空气。

本实验台所用三联件是由 AF2000 空气过滤器、AR2000 减压阀和 AL2000 油雾器组合而成，空气过滤器的作用是过滤空气中的水分，减压阀的作用是将较高的输入气压调整到规定的输出气压，油雾器的作用是将气体中混入一定比例的润滑油润滑各部件。三联体采用模式结构，本体为铝合金压铸成形，结构紧凑，拆装方便，容杯采用 PE 材料制成。如图 10-8 所示。

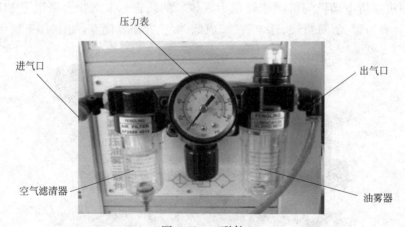

图 10-8 三联件

使用时应注意：要垂直正向安装，不能将进气口出气口接反。进气口进气时应保持一定的压力以自动关闭放水阀芯，当进气孔没有压力时，空气过滤器的阀芯自动打开放水。应经常清洗或更换滤芯。一般实验中，输出气体压力调节在 0.4 MPa 左右。

技术参数：

型号：AC2000。

接管螺纹：G 1/4。

过滤度：40 μm。

保持耐压力：1.5 MPa。

最大可调压力：0.95 MPa。

压力调节范围：0.05～0.85 MPa。

介质及环境温度：5～60℃。

水杯容量：15 cm³。

油杯容量：25 cm³。

润滑油：VG32 或同级油。

任务2　单作用气缸的换向回路

单作用气缸的换向回路：气动的基本回路，熟悉基本回路，是学习气动基础的重点。

　1. 单作用气缸：气缸一端靠气流推动活塞，气缸另一端靠气缸内弹簧推动活塞复位。实物和元件符号如图 10-9 所示。

图 10-9　单作用气缸

2. 二位三通单气控换向阀（用二位五通单气控换向阀堵塞 B 口改），实物和元件符号如图 10-10 所示。

图 10-10　二位五通单气控换向阀

3. 二位三通手动换向控制阀（用二位五通手动换向阀堵塞 B 口改），实物和元件符号如图 10-11 所示。

4. 三位五通双电磁换向阀，实物和元件符号如图 10-12 所示。

5. 气动快速三通接头如图 10-13 所示，气动快速五通接头如图 10-14 所示。

图 10-11　二位五通手动换向阀

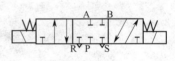

图 10-12　三位五通双电磁换向阀

图 10-13　三通接头

图 10-14　五通接头

6. 消音器实物与符号如图 10-15 所示,管路如图 10-16 所示。

图 10-15　消音器

图 10-16　管路

1. 实验1

（1）看图10-17分析工作原理

此回路是采用二位三通单气控换向阀与二位三通手动换向阀控制的单作用弹簧气缸伸缩回路。在图中，当手动换向阀①接通气控信号时，单气控换向阀②右位接通，单作用气缸活塞杆伸出工作，一旦手动换向阀①使气控信号消失，单气控换向阀②在弹簧作用下自动复位，活塞杆在弹簧力的作用下缩回。

（2）具体操作：如图10-18所示

1）将空气过滤器、减压阀和油雾器三联件、三通、单作用气缸、二位三通单气控换向阀、二位三通手动换向阀等元件安装在实验台上，并使用合适的气管将元件按图连接起来。

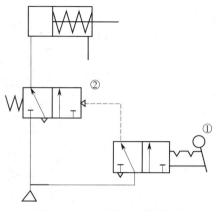

图10-17　用二位三通阀控制的单作用气缸的换向回路

2）调试：接通电源，启动气泵，调整三联体出口气压0.4 MPa，操作二位三通手动换向阀①，气缸杆应伸出，反之气缸杆应缩回。

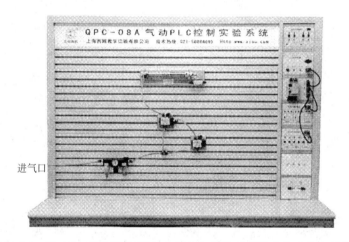

图10-18　用二位三通阀控制的单作用气缸的换向回路在实验台上的连接

2. 实验2

（1）看图10-19分析工作原理

用三位五通双电磁换向阀，中位封闭式控制单作用气缸伸、缩，任意位置停止的回路。该阀在两电磁铁均失电时能自动对中，气缸停于任何位置，但精度不高，且定位时间不长。

（2）具体操作：如图10-20所示

1）将三位五通双电磁换向阀、单作用气缸元件安装在实验台上，并使用合适的气管将元件按图连接起来，并连接电磁换向阀与PLC单元间的导线，并连接PLC单元间的导线，编辑PLC程序。

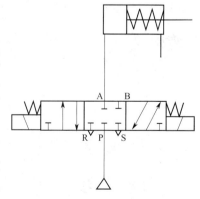

图10-19　用三位五通阀控制单作用气缸的回路

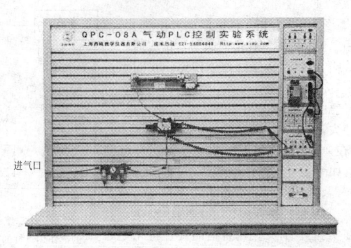

进气口

图 10-20　用三位五通阀控制单作用气缸回路在实验台上的连接

2)调试:接通电源,开启气泵,开启 PLC 电源开关,在电脑上编好相应的 PLC 程序,当按动三位五通电磁阀的左端按钮时,气缸杆伸出,当按动三位五通电磁阀的右端按钮时,气缸杆缩回,当左、右按钮全按下,电磁阀处于中位,气缸可停在任意位置。

(3)使用的元件型号

单作用气缸型号:QGX25×100。

二位五通手动换向阀的型号:4H210-08(需堵塞 B 口才能改为二位三通手动换向阀)。

二位五通单气控换向阀的型号:4A210-08(需堵塞 B 口才能改为二位三通单气控换向阀)。

三位五通双电磁换向阀的型号:4V230-08。

任务3　双作用气缸的换向回路

1. 双作用气缸:双作用气缸就是气缸有两个进气口,气缸活塞的进出由两个气路分别控制。实物和元件符号如图 10-21 所示。

图 10-21　双作用气缸

2. 微动行程开关:电气开关成对使用,其中一个为常开,另一个为常闭。实物和元件符号如图 10-22 所示。

电气微动行程开关及安装:可以在气缸底板上的 T 型安装轨道上任意正反向安装,而且在撞块移动的方向任意位置定位安装,通常用于气缸的行程控制。实验时可以根据控制要求:(1)拆装微动行程开关的小螺丝调整触动小滚轮与油缸撞块碰触方向。(2)利用轨道安装螺丝调节在轨道的位置。

3. 二位五通单电磁换向阀:阀芯一端靠电磁铁推动;另一端靠阀内弹簧推动。实物和元件符号如图 10-23 所示。

1. 实验 1

(1)看图 10-24 分析工作原理

图 10-24 中用二位五通单气控换向阀和二位三通单电磁换向阀控制的换向回路。当单电磁换向阀处于下位时,由单电磁换向阀控制的气流推动二位五通单气控换向阀换向,气缸活塞杆右行。撞块压

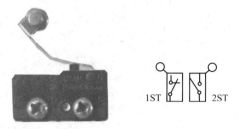

图 10-22 微动行程开关

下行程开关 2ST,单电磁换向阀换向处于上位,二位五通单气控换向阀复位,活塞杆左行,当撞块压下行程开关 1ST,单电磁换向阀又换向至下位,活塞杆右行,如此循环。

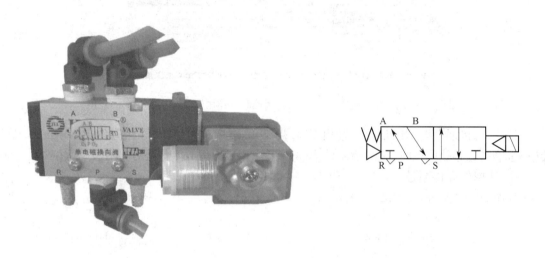

图 10-23 二位五通单电磁换向阀

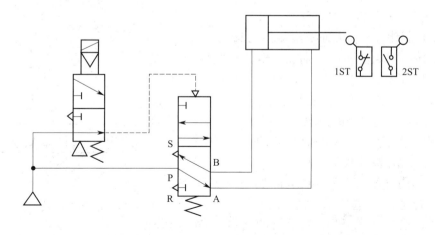

图 10-24 用二位五通阀和二位三通控制双作用气缸的回路

（2）具体操作：如图 10-25 所示

1）将双作用气缸、二位三通单电磁换向阀、二位五通单气控换向阀、微动开关两个分别安装在实验台上，两微动开关要放置在气缸活塞运动的两端，使用合适的气管将气动元件按图连接起来，连接电磁换向阀、微动开关与电气单元的导线，编辑 PLC 运行程序。编辑 PLC 程序。

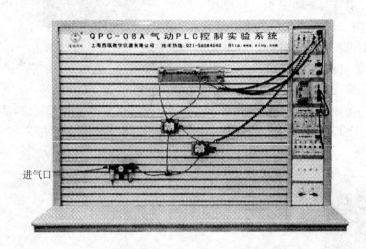

图 10-25　用二位五通阀和二位三通阀控制双作用气缸在实验台上的连接

2）调试：接通电源，开启气泵，开启 PLC 电源开关，在电脑上编好相应的 PLC 程序，当二位三通单电磁阀处原位时，气缸活塞伸出，只要运动起来，就开始作不停的往复运动。

（3）使用的元件型号

双作用气缸型号：QGX25×100。

微动开关：

二位五通单电磁换向阀型号：4V210-08（堵塞 A 口才能改为二位三通单电磁换向阀）。

二位五通单气控换向阀型号：4A210-08。

2. 实验 2

（1）看图 10-26 分析工作原理

采用中位封闭式三位五通双电磁换向阀，实验时，对三位五通双电磁换向阀的两侧分别加上电气控制信号，气缸活塞杆可伸出及缩回。当电磁阀两侧都无控制信号时，电磁换向阀处于中位封闭位置，使活塞在行程中停止。它适用于活塞在行程中途停止的情况。但因气体的可压缩性以及回路及阀内存在泄漏，所以活塞停止的位置精度较差。

（2）具体操作：如图 10-27 所示

1）将双作用气缸、三位五双电磁换向阀安装在实验台上，使用合适的气管将各元件按气动原理图连接起来，连接电磁换向阀与 PLC 单元间的导线。编辑 PLC 程序。

2）调试：接通电源，开启气泵，开启 PLC 电源开关，在

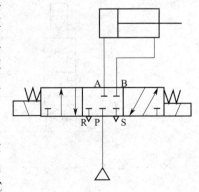

图 10-26　用三位五通阀控制
双作用气缸的回路

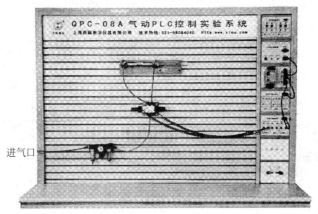

图 10-27　用三位五通控制双作用气缸回路在实验台上的连接

电脑上编好相应的 PLC 程序,气缸杆伸出,当三位五双电磁阀处右位时,气缸杆缩回,当三位五双电磁阀处中位时,气缸杆处于任意一个位置。

（3）使用的元件型号

双作用气缸型号:QGX25×100。

微动开关:二位五通双电磁换向阀型号 4V230-08。

任务 4　单作用气缸的速度控制回路

预备知识　1. 单向节流阀:气流只允许单方向流动,其并联节流回路可以控制流量。气流由 P→A 时,经过节流控制;反向时不经过节流控制,而直接经单向阀快速排除。实物和元件符号如图 10-28 所示。

图 10-28　单向节流阀

2. 快速排气阀:又称梭阀,能快速排气的一种气阀。实物和元件符号如图 10-29 所示。

　1. 实验 1 单作用气缸调速回路

（1）看图 10-30 分析工作原理

将两个单向节流阀相反方向串联在回路中,通过调节两个单向节流阀的节流大小,来控制气缸的伸出和缩回的速度。

图 10-29　快速排气阀(梭阀)

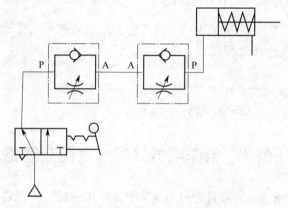

图 10-30　单作用气缸调速回路

(2)具体操作:如图 10-31 所示

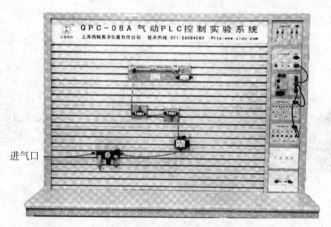

图 10-31　单作用气缸调速回路在实验台上的连接

1)将单作用气缸、两个单向节流阀、二位三通手动换向阀安装在实验台上,使用合适的气管将元件按气动原理图连接起来。

2)调试:接通电源,开启气泵,当二位三通手动换向阀处左位时,气缸杆伸出,伸出速度可调节左侧单向节流阀,当二位三通手动换向阀处右位时,气缸杆在弹簧作用下缩回,缩回速度可调节右侧单向节流阀。

(3)使用的元件型号：

单作用气缸型号：QGX25×100。

二位五通手动换向阀的型号：4H210-08(需堵塞 B 口才能改为二位三通手动换向阀)。

单向节流阀型号：RE-02。

2. 实验 2 单作用气缸快速返回回路

(1)看图 10-32 分析工作原理

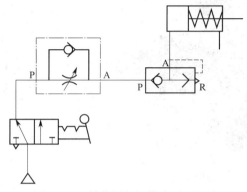

图 10-32　单作用气缸快速返回回路

一个单向节流阀串联一个快速排气阀，操作手动换向阀左位接通时，气缸接通气源，单作用气缸右行并可调速；操作手动换向阀右位接通时，气缸切断气源，单气缸靠内部弹簧左行，气通过快速排气阀排出，气缸活塞快速返回，不可调速。

(2)具体操作：如图 10-33 所示

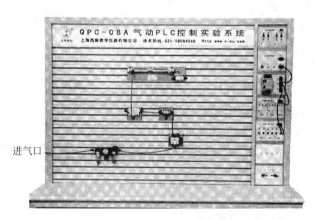

图 10-33　单作用气缸快速返回回路在实验台上的连接

1)将单作用气缸、单向节流阀、二位三通手动换向阀、快速排气阀安装在实验台上，使用合适的气管将各元件按气动原理图连接起来。

2)调试：接通电源，开启气泵，当二位三通手动换向阀处左位时，气缸杆伸出，伸出速度可调节单向节流阀，当二位三通手动换向阀处右位时，气缸杆在弹簧作用下快速缩回，缩回速度不可调节。

3)使用的元件型号：快速排气阀型号 KP-L8

任务 5　双作用气缸单向调速回路

 二位五通双气控换向阀:阀芯是靠两端的气压推动。实物和元件符号如图10-34所示。

图 10-34　二位五通双气控换向阀

 1.实验1双作用气缸节流供气调速回路

（1）看图 10-35 分析工作原理

如图 10-35 所示,当气控换向阀②处于左位时,进入气缸 A 腔的气流流经单向节流阀,B腔排出的气体直接经换向阀②排出。当电磁换向阀①得电时,气控换向阀②处于右位,气流进入气缸右端,气缸杆缩回。

（2）具体操作:如图 10-36 所示

1）将双作用气缸、微动行程开关、单向节流阀、二位五通气控换向阀、二位五通单电磁阀安装在实验台上,使用合适的气管将元件按气动原理图连接起来,连接电磁换向阀、行程开关与 PLC 单元间的导线,编辑PLC 运行程序。

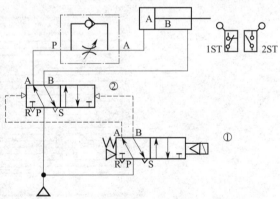

2）调试:接通电源,开启气泵,系统气压可调在 0.3～0.5 MPa,当二位五通电磁换向阀处左位时,二位五通气控换向阀处于左位气缸活塞伸出,伸出速度可调节单向节

图 10-35　双作用气缸节流气调速回路

流阀,当二位五通电磁换向阀处右位时,二位五通气控换向阀处于右位,气缸活塞缩回,缩回时气流经过单向阀,几乎没有阻尼,快速退回。

通过调节节流阀,可体验气缸爬行现象,当节流阀开度较小时,由于进入 A 腔的流量较小,压力上升缓慢,当气压达到能克服负载时,活塞前进,此时 A 腔容积增大,结果使压缩空气膨胀,压力下降,使作用在活塞上的力小于负载,因而活塞就停止前进。待压力再次上升时,活

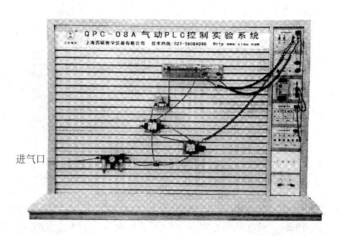

图 10-36　双作用气缸节流供气调速回路在实验台上的连接

塞才再次前进。这种由于负载及供气的原因使活塞忽走忽停的现象,叫气缸的"爬行"。由此可见当负载方向与活塞运动方向相反时,活塞运动容易出现不平稳现象,即"爬行"现象。当负载方向与活塞运动方向一致时,由于排气经换向阀快排,负载易产生"空跑"现象,使气缸失去控制。所以节流供气调速,多用于垂直安装的气缸的供气回路中。

(3)使用的元件型号

三联件型号:AC2000。

双作用气缸型号:QGX25。

微动行程开关:

二位五通气控换向阀型号:4A220-08。

二位五通单电磁换向阀型号:4V210-08。

单向节流阀型号:RE-02。

2. 实验 2 双作用气缸节流排气调速回路

(1)看图 10-37 分析工作原理

节流排气调速回路如图 10-37 所示:

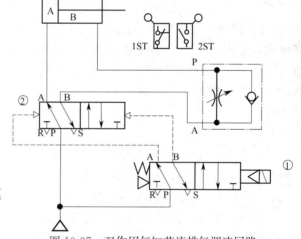

图 10-37　双作用气缸节流排气调速回路

由图示位置可知,当气控换向阀②处于左位时,从气源来的压缩空气,经气控换向阀②直接进入气缸的 A 腔,而 B 腔排出的气体必须经单向节流阀,再到气控换向阀而排入大气,因而 B 腔的气体具有一定的压力。此时活塞在 A 腔和 B 腔的压力差作用下前进,而减少了"爬行"现象发生的可能性,调节节流阀的开度,就可控制不同的排气速度,从而控制了活塞的运动速度。排气节流调速具有以下特点:(1)气缸速度随负载变化小,运动较平稳;(2)能承受与活塞运动方向相同的负载。

(2)具体操作:如图 10-38 所示

按图进行气路、电路的连接,如实验 1 类似。

(3)使用的元件型号与实验 1 完全相同

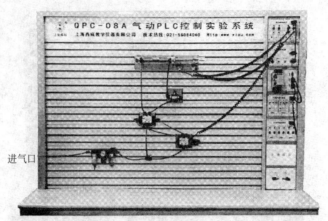

图 10-38　双作用气缸节流排气调速回路在实验台上的连接

任务 6　双作用气缸双向调速回路

操作实习

1. 看图 10-39 分析工作原理

如图 10-39 所示利用两个单向节流阀,皆为排气节流调速回路,实现气缸活塞杆伸出和退回两个方向的速度控制,进气经节流阀中的单向阀,排气通过节流阀。此回路运动平稳性较进口节流调速好,能承受负值载荷。

2. 具体操作过程

(1) 如图 10-40 所示将双作用气缸、微动行程开关、两个单向节流阀、二位五通气控换向阀、二位五通单电磁阀安装在实验台上,使用合适的气管将各元件按气动原理图连接起来,连接电磁换向阀、行程开关与 PLC 单元间的导线,编辑 PLC 运行程序。

(2) 调试:接通电源,开启气泵,系统气压可调在 0.3~0.5 MPa,当阀①处于左位

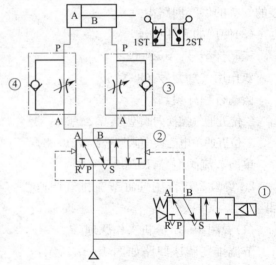

图 10-39　双作用气缸双向调速回路

时,阀②左位接入,气体经阀④中的单向阀进入 A 腔,气缸活塞杆右行,气体经阀③中的节流阀及气控阀②排出。至终点时撞块压下行程开关 2ST,单电磁换向阀①换向右位接入,此时气控阀②右位接入,气体经阀③中的单向阀进入 B 腔,活塞杆左行,A 腔中气体经阀④中的节流阀及气控换向阀②排出。当撞块压下行程开关 1ST,阀①又换向,活塞杆右行,如此循环往复。

3. 使用的元件型号:

三联件型号:AC2000。

双作用气缸型号:QGX25。

微动行程开关:

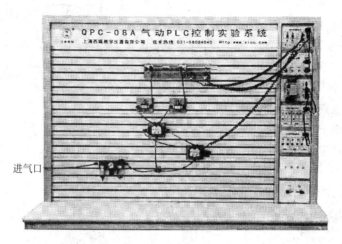

图 10-40　双作用气缸双向调速回路在实验台的连接

二位五通单电磁换向阀型号：4V210-08. DC24V。

二位五通双气控换向阀型号：4A220-08。

单向节流阀型号：RE-02。

任务 7　速度换接回路

预备知识

气缸活塞在运动中的速度会发生变化，也称中间变速回路。

二位二通单电磁阀：阀芯一端靠电磁铁推动，另一端靠阀内弹簧推动。实物和元件符号如图 10-41 所示。

 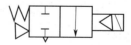

图 10-41　二位二通单电磁阀

操作实习

1. 看图 10-42 分析工作原理

如图 10-42 所示的速度换接回路。此回路与任务 6 很相似，不同之处它采用电磁阀与单向节流阀并联，当撞块压下常开行程开关 2ST 时，发出电信号，使阀③换向，接通排气回路，气流不经过节流阀而从阀③排除，使气缸活塞速度加快。当气缸活塞全伸出，活塞撞块压下行程开关 3ST，阀③失电换向，排气回路不通，使气缸在回位过程中不会通过阀③排气；行程开关 3ST 同时接通电磁阀①，阀②处右位，气缸活塞缩回。在气缸回位经过常开行程开关 2ST 时，不会接通排气回路。行程开关 2ST 的位置可根据需要任意设定。

2. 具体操作过程

（1）如图 10-43 所示将双作用气缸、三个微动行程开关、两个单向节流阀、二位二通单电磁阀、二位五通气控换向阀、二位五通单电磁阀安装在实验台上，使用合适的气管将各元件按气动原理图连接起来，连接电磁换向阀、行程开关与 PLC 单元之间的导线，编辑 PLC 运行程序。

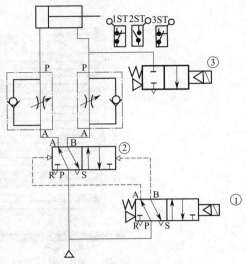

（2）调试：接通电源，开启气泵，系统气压可调在 0.3～0.5 MPa，输入信号：1ST 接在控制组一的常闭停止，2ST 接在控制组二的常开启动，3ST 接在控制组二的常闭停止输出信号：电磁阀①接在 Y0，电磁阀③接在 Y2。此回路与任务 6 很相似，看原理图其左侧与任务 6 完全一致，只在气缸右侧增加了一个二位二通单电磁换向阀，当气缸杆在中间

图 10-42　双作用气缸速度换接回路

位置碰到 2ST 行程开关时，气缸排气经阀③直接排出，不经过节流阀，使速度加快。

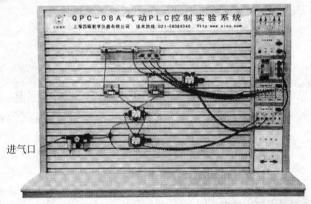

图 10-43　双作用气缸速度换接回路在实验台上的连接

3. 使用的元件型号

三联件型号：AC2000。

双作用缸型号：QGX25×100。

微动行程开关（含连接电缆插头）：

二位二通单电磁换向阀型号：2V025-08. DC24V。

二位五通单电磁换向阀型号：4V210-08. DC24V。

二位五通双气控换向阀型号：4A220-08。

单向节流阀型号：RE-02。

任务 8　缓冲回路

气缸杆在运动中的速度也会发生变化，变化在快到气缸的一端，速度突然降低，起到缓冲作用。

操作实习　　**1. 看图 10-44 分析工作原理**

要获得气缸行程末端的缓冲，除了采用带缓冲的气缸外，特别在行程长、速度快、惯性大的情况下，往往需要采用缓冲回路来满足气缸运动速度的要求。如图10-44所示，当活塞从左端开始向右运动时，气缸右腔的气体起初经二位二通阀②直接排气，活塞运行速度较快。直到活塞撞块压下行程开关 2ST 时，二位二通阀②断电断开气路、气体经节流阀排气，活活塞以低速运动到终点，达到缓冲作用。到终点活塞撞块触发 3ST，PLC 输出使阀①换向，气缸快速回位。在气缸回位经过常开行程开关 2ST 时不会接通回路②。回路能实现快进→慢进缓冲→停止快退的循环，行程开关 2ST 可根据需要来调整缓冲开始位置，这种回路常用于惯性力大的场合。通过触发行程开关前与触发行程开关后的不同气缸动作速度，来观察缓冲回路的作用效果。

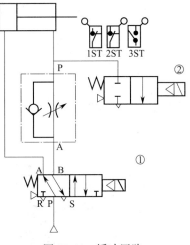

图 10-44　缓冲回路

2. 具体操作过程

（1）图 10-45 回路布置和任务 7 又十分相似，不同之处是将气缸左侧单向节流阀取消，变成直连。电气接线不同之处是：输入信号 2ST 接在控制组二的常闭停止，3ST 接在控制组二的常开启动；输出信号电磁阀①接在 Y0，输出信号电磁阀②接在 Y2，按动作要求编辑 PLC 运行程序。

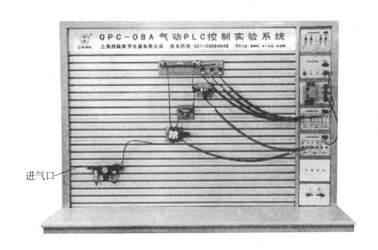

图 10-45　缓冲回路在实验台上的连接

（2）调试：接通电源，开启气泵，系统气压可调在 0.3～0.5 MPa，开始阀①不通电，阀②通电，气流经阀①进入气缸左端，气缸右端的气体起初经二位二通阀②直接排气，活塞运行速度较快。当活塞撞块压下行程开关 2ST 时，二位二通阀②断电断开气路、气体经节流阀排气，气流被节流而缓行，活塞以低速运动到终点，达到缓冲作用。当终点撞块触发 3ST，PLC 输出使阀Ⅰ换向，气缸快速回位。在气缸回位经过常开行程开关 2ST 时不会接通回路②。回路能实现快进→慢进缓冲→停止快退的循环。

（3）使用的元件型号：同任务 7。

任务9　高低压转换回路

本回路采用空气过滤器、减压阀、油雾器组成的三联件③与减压阀④,分别调出两个不同压力的供气回路。

 预备知识　　　减压阀:可以调整气路中的压力,作用与三联件③中减压阀相同。实物和元件符号如图 10-46 所示。

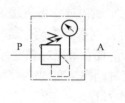

图 10-46　减压阀

 操作实习　　1. 看图 10-47 分析工作原理

如图 10-47 所示,本回路从气泵来的气分两路,图中三联体输出为高压气流,单个减压阀输出为低压气流,通过行程开关 1ST、2ST 及二位三通单电磁换向阀①自动控制高低压进气。气缸活塞由左向右为工作行程,采用三联件③,输出的高压气源。回位时为复位行程。采用减压阀④输出的低压气源。气缸通过手动换向阀进行换向控制。

2. 具体操作过程

(1)如图 10-48 所示将三联体、减压阀、二位三通单电磁阀、二位五通手动换向阀、双作用气缸、用气管连接起来;微动开关、电磁阀与 PLC 输入输出单元连接起来,编写 PLC 程序。

(2)调试:接通电源,开启气泵,三联体出口气压可调到 0.5 MPa,减压阀出口气压可调到 0.3。首先阀①得电,气流由三联体进入阀②左端,气缸

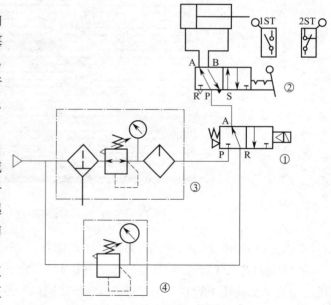

图 10-47　高低压转换回路

活塞向右伸出,当其压下 2ST 开关时,阀①失电,阀①处左位,气流由减压阀进入,搬动手动换向阀,活塞向左缩回,左右比较移动的速度可看出,活塞向左移动比向右慢些,说明试验成功。

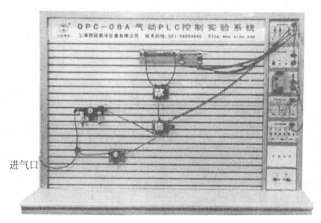

图 10-48　高低压转换回路在实验台上的连接

3. 主要元件器材

三联件的型号：AC2000 三联件。

双作用缸的型号：QGX25×100。

微动行程开关：

二位五通手动换向阀的型号：4H210-08。

二位三通单电磁换向阀的型号：3V210-08. DC24V。

减压阀(带压力表)的型号：AR2000。

任务 10　计 数 回 路

这是一个完全由气动元件组成的回路，当按阀①第 1、3、5、…次(奇数)，则气缸活塞退回；当按阀①第 2、4、6、…次(偶数)，则使气缸活塞伸出。

　　按钮行程阀：阀的一端利用手动推动阀芯工作，另一端为阀内弹簧复位。实物和元件符号如图 10-49 所示。

　　1. 看图 10-50 分析工作原理

(1)如图 10-50 所示，用手按下机控行程阀①时，气信号经过双气控换向阀②左端至双气控换向阀④的右端使阀④换至右位，同时使单气控阀③切断气路，此时气缸活塞缩回。

(2)当机控行程阀①复位(把手抬起)后，原通入双气控换向阀④右控制端的气信号经机控行程阀①排空，单气控阀③复位，于是气缸有杆腔的气经单气控阀③至双气控换向阀②右端，使阀②换至右位等待阀①的下一次信号输入。

(3)当机控行程阀①第二次用手按下后，气信号经双气控换向阀②的右位至双气控换向阀④左控制端，使阀④换至左位，气缸伸出，同时单气控阀⑤将气路切断。

图 10-49　按钮行程阀

（4）待机控行程阀①第二次把手抬起复位后，双气控换向阀④左控制气信号经双气控换向阀②和阀①排空，单气控阀⑤复位并将气缸左腔气流导至双气控换向阀②左端使其换至左位，又等待机控行程阀①下一次信号输入。这样，第1、3、5、…次（奇数）按压阀Ⅰ，则气缸活塞退回：第2、4、6、…次（偶数）按压阀Ⅰ，则使气缸活塞伸出。

2. 具体操作过程

（1）如图 10-51 所示双作用气缸、二位三通单气控阀、二位五通双气动换向阀、按钮行程阀用气管按图连接起来。

（2）调试：接通电源，开启气泵，调整气压到0.3 MPa，检查气管连接是否正确。检查步骤与前面"看图 10-50 分析工作原理"相同。

3. 主要元件器材

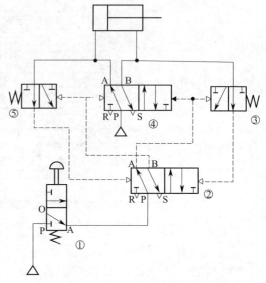

图 10-50　计数回路

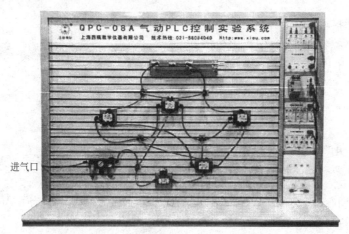

图 10-51　计数回路在实验台上的连接

三联件的型号：AC2000 三联件。

双作用缸的型号：QGX25×100。

二位五通双气控换向阀的型号：4A220-08。

二位三通单气控换向阀的型号：4A210-08。

按钮行程阀的型号：MOV-3A。

任务 11　延 时 回 路

通过一个单向节流阀和一个气容组件，达到延长一段时间来控制气路的目的。

气容：一种储存气体的容器。实物和元件符号如图 10-52 所示。

机控行程阀：阀的一端利用机械运动推动阀芯工作，另一端为阀内弹簧复位。实物和元件符号如图 10-53 所示。

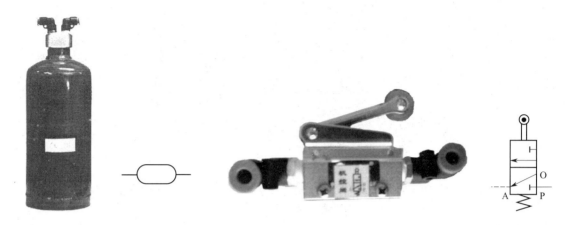

图 10-52　气容　　　　　　　　　　　　　图 10-53　机控行程阀

延时回路 1。

1. 看图 10-54 分析工作原理

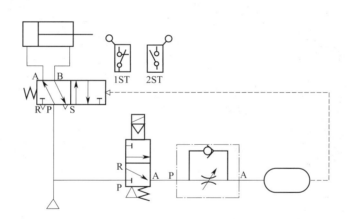

图 10-54　延时回路

图 10-54 是一种常见的延时输出回路:当二位三通电磁阀通电后,压缩空气经单向节流阀向气容充气。当充气压力经延时升高至使单气控换向阀换位时,单气控换向阀换向,气缸活塞退回。撞块触发行程开关 1ST(常闭停止),二位三通阀失电,气容通过单向阀及二位三通电磁阀快速放气,气控阀换向至左位,气缸伸出。撞块触发行程开关 2ST(常开启动),二位三通阀通电……,依次循环控制。调节流阀可以调节延时时间。

2. 具体操作过程

(1)如图 10-55 所示,双作用气缸、二位三通单电磁阀、二位五通单气动换向阀、单向节流阀、气容按图用气管连接起来;微动开关、电磁阀与 PLC 输入输出单元连接起来,编写 PLC 程序。

(2)调试:接通电源,开启气泵,调整气压到 0.4 MPa,活塞的初始位置应该伸出,二位五通单气动换向阀处于左位,活塞撞块触发行程开关 2ST(常开启动),二位三通电磁阀通电后,压缩空气经单向节流阀向气容充气。当充气压力经延时升高至使单气动换向阀换位时,单气动

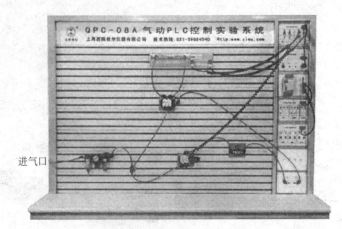

图 10-55　延时回路在实验台上的连接

换向阀换向,气缸退回,由气容气流延时控制换向,称延时回路。当活塞撞块触发行程开关 1ST(常闭停止),二位三通阀失电,气容中的气流通过单向阀及二位三通单电磁阀快速放气,气控阀换向(靠弹簧复位),气缸伸出。当活塞撞块触发行程开关 2ST(常开启动)时,二位三通阀通电,延时后换向⋯⋯,依次循环控制。调节节流阀可以调节延时时间。

3. 主要元件器材

三联型号:AC2000 三联件。

双作用缸型号:QGX25×100。

微动行程开关(含连接电缆插头)。

气容。

二位三通单电磁换向阀型号:3V210-08. DC24V。

二位五通单气控换向阀型号:4A210-08。

单向节流阀型号:RE-02。

 延时回路 2。

1. 看图 10-56 分析工作原理

图 10-56 是另一种常见的延时回路:要求工作环境温度大于 15℃。初始位置时,活塞上的撞块触发"机控行程阀①",二位五通双气动换向阀换向到左位,则气缸活塞向外伸出。当气缸在伸出到达终点时,压下"机控行程阀②",压缩空气经单向节流阀到气容延时后才将双气控换向阀切换,气缸活塞退回到初始位置。依次自动循环控制。

2. 具体操作过程

(1)看图 10-57,将双作用气缸、机控行程阀、二位五通双气动换向阀、单向节流阀、气容按图用气管连接起来;微动开关、电磁阀与 PLC 输入输出单元连接起来,编写 PLC 程序。

(2)调试:接通电源,开启气泵,调整气压到 0.4 MPa,具体参考"图 10-56 分析工作原理"的步骤。

3. 主要元件器材

二位五通双气控换向阀型号:4A220-08。

机控行程阀型号:MOV-02。

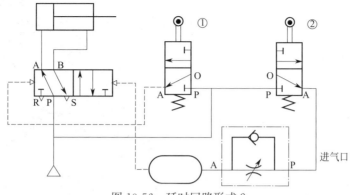

图 10-56 延时回路形式 2

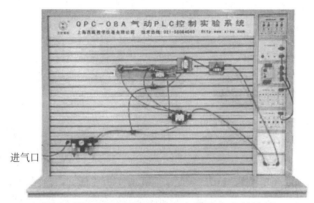

图 10-57 延时回路形式 2 在实验台上的连接

任务 12 过载保护回路

过载保护回路:当气缸活塞运动中受到阻力时,保护回路可使气缸活塞原路退回。

顺序阀:当进口气体压力大于顺序阀弹簧压力时,顺序阀被打开,反之阀是关闭的。实物和元件符号如图 10-58 所示。

图 10-58 顺序阀

1. 看图 10-59 分析工作原理

过载保护回路如图 10-59 所示。在活塞伸出运动的过程中,若遇到偶然障碍而过载时,气缸左腔压力将升高,当超过预定值后,即打开顺序阀③,使阀②换向,阀④随之复位,在途中的活塞立即向左缩回。若气缸活塞前进方向无障碍时,气缸向前运动,压下机控行程阀

⑤，活塞也立即返回。

2. 具体操作过程

（1）如图 10-60 所示双作用气缸、顺序阀、二位三通单气动换向阀、二位五通单气动换向阀、机控行程阀、二位二通单电磁换向阀，用气管连接起来；电磁阀与 PLC 连接起来，编写 PLC 程序。

（2）调试：接通电源，开启气泵，调整气压到 0.3 MPa，检查气路、电路连接是否正确，按上述原理试验，可以用手在活塞前方施加一个阻力，若活塞退回，说明顺序阀动作，过载保护起作用，反之要查找原因。

3. 主要元件器材

三联型号：AC2000 三联件。

双作用缸型号：QGX25×100。

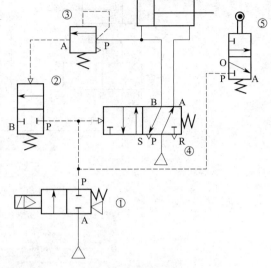

图 10-59 过载保护回路

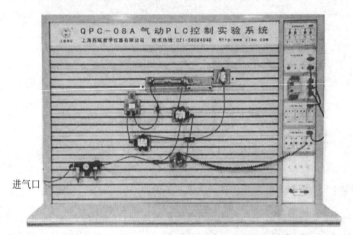

图 10-60 过载保护回路在实验台上的连接

二位二通单电磁换向阀型号：4V210-08.DC24V。

二位三通单气控换向阀（仅用二位五通单气控换向阀 P、B 口）型号：4A210-08。

二位五通单气控换向阀型号型号：4A210-08。

机控行程阀型号：MOV-2。

顺序阀型号：KPSA-8。

任务 13 互 锁 回 路

互锁回路应用于多缸系统，当实现某个气缸动作时，其他气缸被锁定不能运动。

或门型梭阀：此法相当两个单向阀组成，设有两个进气口和一个出气口，其图示像个一个梭子，它有"或"门逻辑功能，故称为或门型梭阀。实物和元件符号如图

10-61所示。

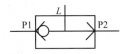

图 10-61　或门型梭阀

操作实习

1. 看图 10-62 分析工作原理

如图 10-62 所示：如果换向阀⑦处于左位时，控制双气控换向阀③处于左位，气缸①活塞杆向外伸出，同时，流向气缸①无杆腔的气体经梭阀⑥使双气控换向阀④锁住，此时即使手动换向阀⑧有信号，气缸②也不会动作。同样，气缸②若先伸出时，气缸①也被锁住不会动作。如果要改换缸的动作，必须使前面动作的气缸复位后才可以。

此回路利用梭阀⑤、⑥和换向阀⑦、⑧实现互锁，防止各缸的活塞同时动作，保证只有一个活塞动作。

2. 具体操作过程（图 10-63）

（1）双作用气缸、二位五通手动换向阀、二位五通单电磁换向阀、或门型梭阀（或门型梭阀必须水平安装）、二位五通双气控换向阀，按图用气管连接起来；电磁阀与 PLC 连接起来；编写 PLC 程序。

（2）调试：接通电源，开启气泵，调整气压到 0.3 MPa，检查气路、电路连接是否正确，按上

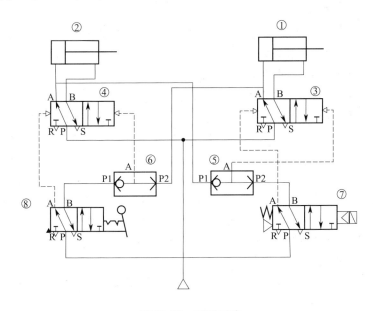

图 10-62　互锁回路

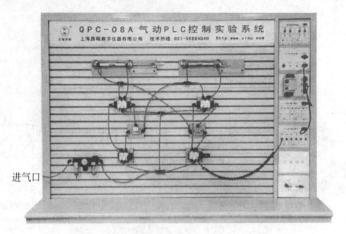

图 10-63　互锁回路在实验台上的连接

述工作原理试验,试验中要达到,气缸①动作时,气缸②不能动作,气缸②动作时,气缸①不能动作。

3. 主要元件器材

三联型号:AC2000 三联件。

双作用缸型号:QGX25×100。

二位五通手动换向阀型号:4H210-08。

二位五通单电磁换向阀型号:4A210-08、24V。

二位五通双气控换向阀型号:4A220-08。

或门型梭阀型号:KS-L8。

任务 14　单缸往复动作回路

单缸往复动作回路:一个气缸作单往复动作回路或一个气缸作连续复动作回路。

1. 看图 10-64 分析工作原理

(1)单往复动作回路

行程开关和电磁换向阀组成单往复控制回路如图 10-64 所示:当三位五通单电磁换向阀处于左位时,气缸活塞伸出,到达终点活塞撞块触发行程开关(常开启动)后,三位五通单电磁换向阀得电换向,气缸缩回完成一次往复运动。每按停止按钮一次,气缸伸缩往复一次。

(2)连续往复动作回路

如图 10-65 所示,当三位五通单电磁换向阀处于左位时,气缸活塞伸出,到达终点活塞撞块触发行程开关 2ST(常开启动)后,三位五通单电磁换向阀得电换向,气缸活塞缩回。到达起点活塞撞块压触发行程开关 1ST(常闭停止),三位五通单电磁换向阀失电换向处于左位,气缸伸出。如此循环,连续往复动作。

2. 具体操作过程(图 10-66 和图 10-67)

(1)将双作用气缸、二位五通单电磁换向阀、用气管连接起来;电磁阀、行程开关与 PLC 连接起来,编写 PLC 程序。

(2)调试:接通电源,开启气泵,调整气压到 0.3 MPa,检查气路、电路连接是否正确,按上

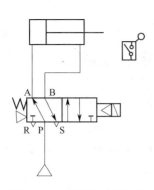

图 10-64　单往复动作回路

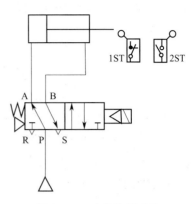

图 10-65　连接往复动作

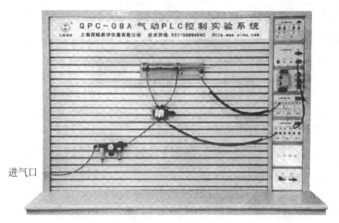

图 10-66　单往复动作回路在实验台上的连接

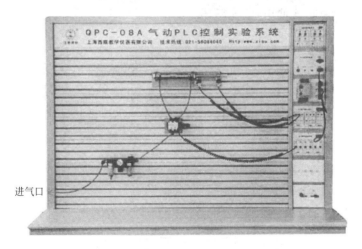

图 10-67　连续复动作回路在实验台上的连接

述工作原理试验。

3. 主要元件器材

双作用缸型号：QGX25×100。

二位五通单电磁换向阀型号：4A210-08、DC24V。

微动行程开关。

任务 15　直线缸、旋转缸顺序动作回路

直线缸、旋转缸顺序动作回路：动作顺序是直线缸（双作用缸）伸出→旋转缸摆动→直线缸（双作用缸）缩回→旋转缸反向摆动。

旋转气缸：压缩空气进入气缸，气缸在一定角度范围内往复摆动。实物和元件符号如图 10-68 所示。

图 10-68　旋转气缸

1. 看图 10-69 分析工作原理

如图 10-69 所示，工作时高压气体通过单气控阀使双作用缸活塞伸出，活塞到达终点撞块触发行程开关（2ST-常开启动），二位五通单电磁阀得电换向，旋转缸工作（B 口接入高压气体），当压力超过顺序阀调定的开启压力时，通过顺序阀使单气控阀换向，单气控阀换向右位接入，双作用缸活塞缩回。到达起点活塞撞块触发行程开关（1ST-常闭停止），二位五通单电磁阀失电换向。旋转缸回旋（A 口接入高压气体），同时，顺序阀关闭使单气控阀换向复位（左位接入）使双作用缸再次伸出，依此循环。

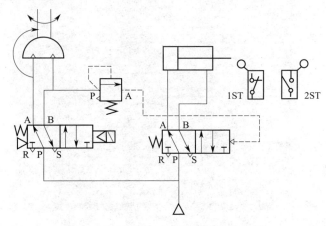

图 10-69　直线缸、旋转缸顺序动作回路

2. 具体操作过程

（1）如图 10-70 所示将双作用气缸、旋转气缸、二位五通单电磁换向阀、二位五通单气动换向阀、顺序阀用气管连接起来；电磁阀、行程开关与 PLC 连接起来，编写 PLC 程序。

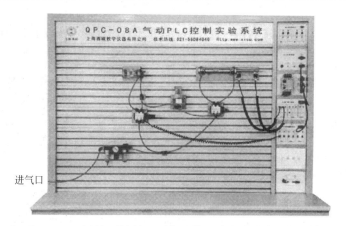

图 10-70　直线缸、旋转缸顺序动作回路在实验台上的连接

（2）调试：接通电源，开启气泵，调整气压到 0.3 MPa，检查气路、电路连接是否正确，按上述工作原理试验。实验时，顺序阀的开启压力先调到最大，慢慢降低开启压力。顺序阀不使用时应将调节手柄放松。

3. 主要元件器材

双作用缸型号：QGX25×100。

旋转气缸。

二位五通单电磁换向阀型号：4V210-08. DC24V。

二位五通单气控换向阀型号：4A210-08。

顺序阀型号：KPSA-8。

微动行程开关（含连接电缆插头）。

任务 16　双（多）缸顺序动作回路

双（多）缸顺序动作回路：两只、三只或多只气缸按照一定顺序动作的回路称为多缸顺序动作回路。若用 A、B、C、……、表示气缸，1 表示气缸伸出，0 表示气缸缩回。则两只气缸的基本顺序动作有 A1B0A0B1、A1B1B0A0、A1A0B1B0 顺序动作过程。本实验以两只气缸为例，通过 PLC 通用控制程序及专用控制程序实现以上三种顺序动作过程。

操作实习

1. 看图 10-71 分析工作原理

首先试验顺序动作 A1B0A0B1：接入气源后，A 缸伸出到达终点（执行 A1 动作），触发 2ST 行程开关，常开启动，电磁换向阀②得电换向，B 缸缩回到起点（执行 B0 动作），触发 3ST 行程开关，常开启动，电磁换向阀①得电换向，A 缸缩回到起点（执行 A0 动作），触发 1ST 行程开关，常闭停止，电磁换向阀②失电换向，B 缸伸出到达终点（执行 B1 动作），触发 4ST 行程开关，常闭停止，电磁换向阀①失电换向，A 缸再次伸出到达终点（执行 A1 动作），依次循环，顺序动作。

2. 具体操作过程

（1）如图 10-72 所示将双作用气缸、二位五通单电磁换向阀用气管连接起来；电磁阀、行程开关与 PLC 连接起来，编写 PLC 程序。

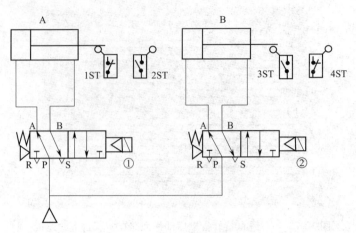

图 10-71　双气缸顺序动作回路

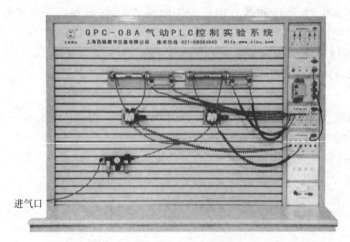

图 10-72　双气缸顺序动作回路在实验台上的连接

（2）调试：接通电源，开启气泵，调整气压到 0.3 MPa，检查气路电路连接是否正确，按上述工作原理试验。可以采用 PLC 通用程序控制方式或继电器控制方式实现。

　　输入信号：1ST→控制组二的常闭停止、2ST→控制组二的常开启动 1、3ST→控制组一的常开启动 1、4ST→控制组一的常闭停止。

　　输出信号：阀 1→Y0、阀 2→Y2。

3. 主要元件器材

三联件型号：AC2000。

双作用缸型号：QGX25×100。

微动行程开关（含连接电缆插头）。

二位五通单电磁换向阀型号：4V210-08、DC24V。

任务 17　或门型梭阀的应用回路

或门型梭阀的应用回路：或门型梭阀是指一种逻辑控制，从图 10-73 中可见梭阀两端各有两个控制阀,一个单气控换向阀,另一个手动换向阀,只有在一个阀通入气流另一个阀关闭时梭阀才工作,在逻辑控制中称"或"门。

　　1. 看图 10-73 分析工作原理

　　如图 10-73 所示,或门型梭阀在手动/自动换向回路中的应用,当手动换向阀处于右位时,梭阀 P1 口进气,将梭阀的阀芯推向左边,P2 口被关闭。于是,气流从 P1 口进入 A口,控制单气控换向阀换向,气缸活塞缩回。此时若电磁阀通电换向,在其输出气压小于或等于手动阀输出气压压力的情况下,不会改变梭阀通路,梭阀状态始终保持。只有在手动阀断开,恢复左位,电磁阀输出气体压力的情况下,才能改变梭阀通路,气流从 P2 口进入 A 口切换控制方式。同样,在电控变为手动控制时,应先将电磁阀断开或手动阀输出气压大于电磁阀输出气体压力时,才能改变控制方式。

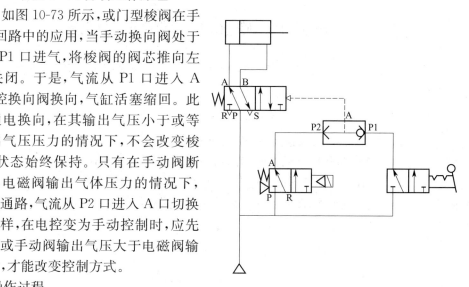

图 10-73　或门型梭阀回路

　　2. 具体操作过程

　　(1)如图 10-74 所示,将双作用气缸、二位三通单电磁换向阀、二位三通单气动换向阀、二位三通手动换向阀、梭阀用气管连接起来,或门型梭阀使用时需平放;电磁阀与 PLC 连接起来,编写 PLC 程序。

　　(2)调试:接通电源,开启气泵,调整气压到 0.3 MPa,检查气路电路连接是否正确,按上述工作原理试验。控制方式:(a)手动操作控制;(b)继电器控制方式;(c) PLC 通用程序控制方式。

　　3. 主要元件器材

三联件型号:AC2000 三联件。

双作用缸型号:QGX25×100。

二位五通手动换向阀型号:4H210-08 堵塞 A 口改为:二位三通手动换向阀。

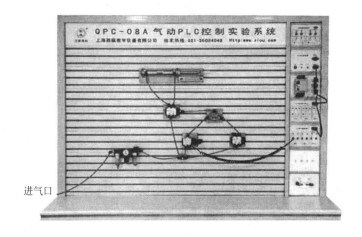

进气口

图 10-74　或门型梭阀回路在实验台上的连接

二位三通单电磁换向阀型号：3V210-08、DC24V。

二位五通单气控换向阀型号：4A210-08。

或门型梭阀型号：KS-L8。

任务 18 快速排气阀的应用回路

快速排气阀主要应于将气缸等元件中的气体直接排入大气，从而减少气缸的背压，加快气缸的动作速度。

1. 看图 10-75 分析工作原理

如图 10-75 所示，将快速排气阀设置在气缸和单向节流阀之间，使气缸排气腔的气体不通过单向节流阀和单电磁换向阀而由快速排气阀快速排出，对于远距离控制而又有速度要求的回路，选用快速排气阀最为适合。快速排气阀应配置在需要快速排气的气动执行元件附近。图 10-75 在气缸两端回路中都加了单向节流阀，是为了控制气缸的运动速度。

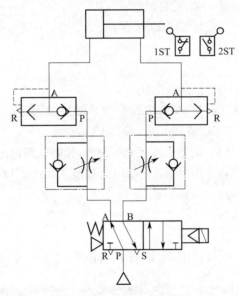

图 10-75 快速排气阀回路

2. 具体操作过程

(1)如图 10-76 所示将双作用气缸、快速排气阀、单向节流阀、二位五通单电磁换向阀用气管连接起来，快速排气阀(梭阀)使用时需平放；行程开关、电磁阀与 PLC 连接起来，编写 PLC 程序。

(2)调试：接通电源，开启气泵，调整气压到 0.3 MPa，检查气路电路连接是否正确，快速排气阀中 P 为进气口，A 为工作口，不能接错。按上述工作原理试验。实验可以对接入快速排气阀与不接快速排气阀，两种情况的每分钟气缸往复次数进行比较。验证接上快速排气阀加快气缸的动作速度。也可以安装一只快速排气阀，实现单向快速工作。

3. 主要元件器材

三联件型号：AC2000 三联件。

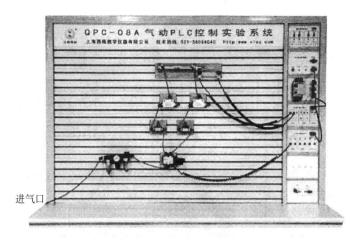

图 10-76　快速排气阀回路在实验台上的连接

双作用缸型号：QGX25×100。

微动行程开关型号（含连接电缆插头）：

二位五通单电磁换向阀型号：4V210-08，DC24V。

快速排气阀型号：KP-L8。

单向节流阀型号：RE-02。

项目十一　机　械　装　配

模块 1　机械装配的相关知识

在装配过程中,零件的清理和清洗工作对提高装配质量,延长产品使用寿命具有重要的意义,特别是对轴承、精密配合件、液压元件、密封件以及有特殊清洗要求的零件更为重要。

任务 1　装配零件的清理和清洗

预备知识

1. 零件的清理

(1)清除零件上残存的型砂、铁锈、切屑、油污等,特别是要仔细清理孔、沟槽等易存污垢的部位。某些非加工表面还需在清理后进行涂装。

(2)将所有待装的零部件按零部件图号分别进行清点和放置。

2. 零件的清洗

(1)清洗方法单件或小批量生产,常将零件置于洗涤槽内用棉纱或泡沫塑料进行手工擦洗或冲洗。成批大量生产,则采用洗涤机进行清洗。清洗时,根据需要可以采用气体清洗、浸酯清洗、喷淋清洗、超声波清洗等。

(2)常用清洗液:常用清洗液有汽油、煤油、柴油和化学清洗液等。

1)工业汽油适用于清洗较精密的零部件。航空汽油用于清洗质量要求较高的零件。

2)煤油和柴油,清洗能力不及汽油,清洗后干燥较慢,但相对安全。

3)化学清洗液又称乳化剂清洗液,对油脂、水溶性污垢具有良好的清洗能力。这种清洗液配制简单,稳定耐用,安全环保,同时以水代油,可节约能源。如 105 清洗剂、6501 清洗剂,可用于冲洗钢件上以机油为主的油垢和机械杂质。

注意:对于橡胶制品,如密封圈等零件,严禁用汽油清洗,以防发胀变形,应使用酒精或清洗液进清洗;滚动轴承不能使用棉纱清洗,避免影响轴承装配质量;已加注防锈润滑脂的密封滚动轴承不需要清洗。清洗后的零件,应待零件上的油滴干后再进行装配,以防止污油影响装配质量;清洗后暂不装配的零件应妥善保管,以防止零件再次污染。零件的清洗工作,可分为一次性清洗和二次性清洗。零件在第一次清洗后,应检查有无碰损或碰伤,待检查修整后,再进行二次性清洗。

任务 2　旋转件的平衡

预备知识

为了防止机器中的旋转件(如带轮、齿轮、飞轮、叶轮等各种转子)工作时因出现不平衡的离心力所引起的机械振动,造成机器工作精度降低、零件寿命缩短、噪声增大,甚至发生破坏性事故。装配前,对转速较高或"长径比"较大的旋转零、部件都必须进行平衡,以抵消或减小不平衡离心力,使旋转件的重心调整到转动轴心线上。旋转件不平衡的形式可分为静不平衡和动不平衡两类。静不平衡特点是静止时,不平衡量自然地处于铅垂线下方,如图 11-1 所示。旋转时,不平衡惯性力只产生垂直旋转轴线方;而动不平衡指旋转件在旋转时不仅会产生垂直于轴线的振动,而且还会产生使旋转轴线倾斜的振动,这种不平衡称为动不平衡,如图 11-2 所示,简称动平衡。

图 11-1　静平衡试验

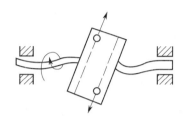

图 11-2　动不平衡

模块 2　螺纹连接件的装配

　　螺纹连接是可拆卸的连接,具有简单、连接可靠、装拆更换方便等优点,应用非常广泛。在机械设备装配中处处都可见到螺纹连接,是机械设备装配中最基本的装配工作。螺纹连接并不是简单拧紧就可以,这里也很有学问,拧紧力有多大适宜;拧紧时如何防止工件变形;机械设备开动后有振动,长期处于振动状态的螺钉螺帽的松动如何解决等。

任务 1　螺纹连接件的装配工艺要点

预备知识　　1. 设备重要部件的螺钉拧紧时,需要用扭矩扳手,达到一定的扭矩才合格,拧紧力过小,螺钉或螺帽会因振动而松开;拧紧过大又会将螺钉拉伸,而失去应有的强度。具体要见设备装配时,工艺对螺钉扭矩的要求。其中双头螺柱的紧固形式如图 11-3 所示,拧紧如图 11-4 所示。

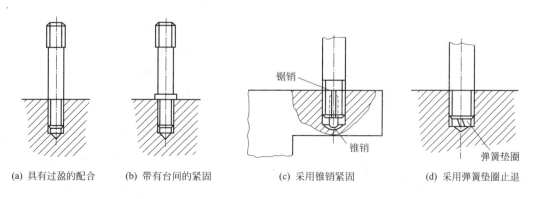

(a) 具有过盈的配合　　　(b) 带有台间的紧固　　　(c) 采用锥销紧固　　　(d) 采用弹簧垫圈止退

图 11-3　双头螺柱的紧固形式

2. 对于成组的螺钉或螺母，应按一定顺序，分次逐步拧紧（一般分三次），不可排着去拧，这样会使螺杆受力不均，工件受力也不均。如图 11-5 所示。对于长方形布置的成组螺母、螺钉时，应从中间开始，逐步对称向两边扩展，按图中 1、2、3、4、5、6…，的顺序去拧紧螺母、螺钉；对于圆形或方形布置的螺母螺钉时，必须对称地进行拧，按图中 1、2、3、4、5、6 的顺序去拧紧螺母、螺钉。

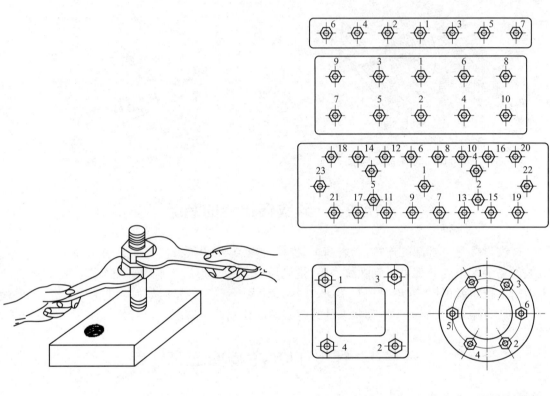

图 11-4　双头螺柱的双螺母拧紧方法　　　　图 11-5　长方形、方形、圆形、螺母的预紧顺序

任务 2　螺纹连接的防松方法

1. 摩擦防松

（1）双螺母防松

这种方法使用两个螺母，先将一个螺母拧紧到位，然后再拧紧另一个螺母，这样两个螺母受力变形，在接触面之间产生压力，增大了磨擦力，螺纹回松必须克服这种磨擦力，起到防松的作用。这种防松用于低速重载，较平稳的场合，如图 11-6 所示。

（2）弹簧垫圈防松

弹簧垫圈用弹簧钢制作，开有斜口。当螺母拧紧后，弹簧垫圈因受压产生很大的轴向弹力，大大增加了螺母回松的阻力，因其制造简单，防松可靠，被大量使用，如图 11-7 所示。为防止弹簧垫圈刮伤工件，一般在其下部再放一层圆垫圈，效果更好些。

2. 机械防松

（1）止动垫圈（花垫圈）防松

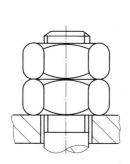

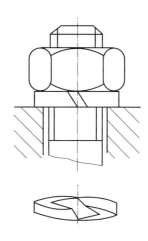

图 11-6　双螺母防松　　　　　　　　　　　　图 11-7　弹簧垫圈防松

图 11-8 为止动垫圈,使用时先将垫圈内耳弯曲,顺轴键槽插入其中,然后拧紧螺母,再用螺刀把外耳弯曲,靠入拧紧的螺母四个外槽中一个,这样螺母就被止动垫圈牢牢的固定在这个位置上,无法转动,此种固定非常可靠。图 11-9 为另一种止动垫圈

(2)开口销与带槽螺母防松

这种方法是把螺母的上方开出槽口,螺钉上面开个孔,把开口销插入螺钉孔中,开口销的两端卡在螺母的槽中,达到螺母防松的作用。此种方法螺母制造较复杂,故多用于变载振动处,如图 11-10 所示。

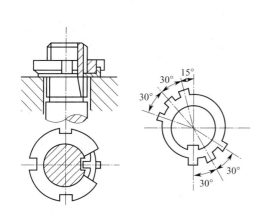

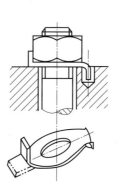

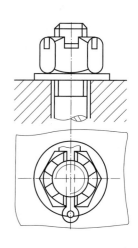

图 11-8　圆螺母止动垫圈防松　　　　图 11-9　六角螺母　　　　图 11-10　开口销与带
　　　　　　　　　　　　　　　　　　　　止动垫圈防松　　　　　　　槽螺母防松

(3)串联钢丝防松

这种防松方法是把螺钉头部横向钻个小孔(通孔),用钢丝穿过螺钉头部小孔,利用钢丝的相互牵制作用来防止回松。这种方式适用于布置紧凑的成组螺钉,装配时要注意钢丝的穿丝方向图 11-11 要注意紧定的螺钉不能有回松余地。

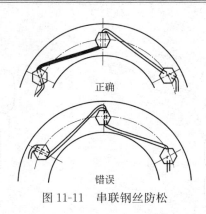

正确

错误

图 11-11　串联钢丝防松

模块 3　键销连接的装配

键是用来连接轴和轴上的零件,例如皮带轮与电机轴;齿轮与齿轮轴;联轴器等都是用键来连接,它具有结构简单、工作可靠、拆装方便等优点。在机械设备装配中常用的键有平键、半圆键、花键。

任务 1　平键、半圆键属于松键连接

预备知识　如图 11-12 所示,其优点是靠键的侧面来传递转矩,只能对轴上的零件作圆周方向固定,不能轴向固定,不能承受轴向力。如果需要作轴向固定,需附加定位卡簧、定位环等定位零件。平键、半圆键对中性好,在高速及精密的连接中应用较多。键与轴槽的配合,键与孔槽的配合,采用基轴制,一般键采用 h8。轴槽采用 N9,孔槽采用 JS9。键与轴槽配合 N9/h8,略紧些,装配时先把键装到槽上,再把零件的孔对正键,将零件孔推入或用铜棒敲入装有键的轴上。平键、半圆键属于松键连接。

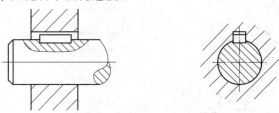

图 11-12　平键连接

任务 2　花键连接

预备知识　花键连接是由花键轴和花键孔两个零件组成。其优点是承载能力强,具有良好的导向性,多用于机床床头箱的变速机构,机床装配中常采用矩形花键连接。在矩形花键连接中,有三个因素直接影响到孔轴定心问题,外径、内径和花键的两侧面,在实际应用中常采用外径定心,通常花键轴的硬度较高,用外圆磨容易使轴的外径达到较高精度,而花键孔硬度低一些,可用拉刀保证外径精度。花键还有内径定心和键宽定心两种,内径定心精度高,

加工较困难,精密机床大多采用,如图 11-13 所示。床头箱花键一般属动连接花键。装配花键轴时,首先要把花键孔、轴的毛刺用油石倒去,擦干净,涂上机油然后装上,孔件在轴上要自由滑动,没有阻滞现象。但不能过松,用手摆动孔件,不能有明显的径向间隙,如果有明显径向间隙,将影响齿轮的正常啮合,会产生较大的噪声。

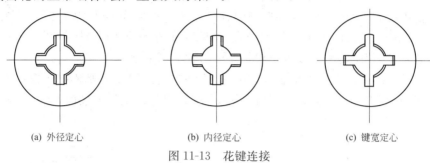

(a) 外径定心　　　　　　　　(b) 内径定心　　　　　　　　(c) 键宽定心

图 11-13　花键连接

任务 3　锥环无键连接

锥环无键连接是数控机床应用较广的一种连接,伺服电机与皮带轮连接,皮带轮与轴的连接,就是采用这种形式。其连接靠的是一种弹性薄壁锥套,结构特点如图 11-14所示,一组为两个锥形薄壁套,当轴向压紧后,薄壁套会径向胀出,径向的磨擦力增大,使两个需连接的零件成为一体,动力传出。这种方式简单,装拆方便,还有一个主要优点是动平衡非常好,适合高速精密机床的动力传递,不光在皮带轮上使用,齿轮与轴、联轴器上都可以使用。

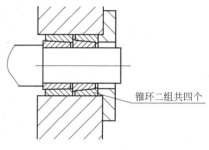

锥环二组共四个

图 11-14　锥环无键连接

任务 4　圆柱销的装配

圆柱销依靠过盈固定在孔中,用以固定连接零件,还起到传递动力、定位作用。圆柱销不宜多次拆卸,容易破坏表面粗糙度,导致降低配合精度。圆柱销定位时,有少量的过盈,装配时在销子上涂点机油,用铜棒敲入孔中。

任务 5　圆锥销的装配

圆锥销的锥度一般为 1∶50 的锥度,其定位精确拆装方便。圆锥销是以小头直径和长度代表其规格的。

圆柱销、圆锥销装配时,其孔(二件孔)必须同时钻、铰。这样才能保证销子能顺利进入。圆柱销在铰孔时,以目测销子能自由插入孔约占销子总长 80% 为宜,然后用铜棒打入,锥销大头稍微高出或平于工件即可。

模块 4　联轴器的装配

联轴器是机械传动中常用的部件,大多数已标准化,主要用于连接两轴传递运动和转矩。

任务1　联轴器的种类

预备知识　　　联轴器将两轴牢固地连接在一起,在机器运转的过程中,两轴不能分开,只有在机器停车后,经过拆卸,才能使它们分离。按结构形式不同,联轴器可分为锥销套筒式(图11-15)、凸缘式(图11-16)、十字滑块式、弹性圆柱销式、万向联轴器(图11-17)等。无论哪种形式的联轴器,装配的主要技术要求是保证两轴的同轴度。

图11-16为较常见的凸缘式联轴器的结构,该结构通过螺栓将安装在两根轴上的圆盘连接起来传递扭矩,其中一个圆盘制有凸肩,另一个有相应的凹槽。安装时,凸肩与凹槽能准确地嵌合,使两轴达到同轴度

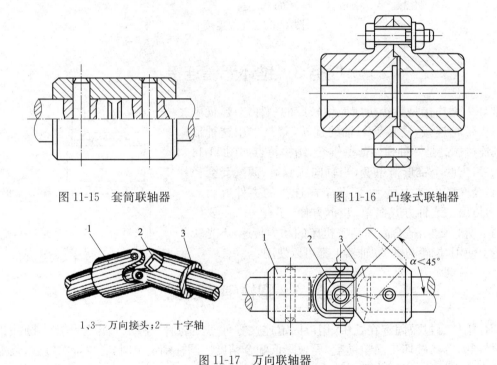

图 11-15　套筒联轴器　　　　　　图 11-16　凸缘式联轴器

1、3— 万向接头;2— 十字轴

图 11-17　万向联轴器

任务2　联轴器的装配

操作实习　　　应严格保证两轴的同轴度,否则两轴不能正常传动,严重时会使联轴器轴变形和损坏。要保证各连接件(如螺母、螺栓、键、圆锥销等)连接可靠、受力均匀,不允许有自动松脱的现象发生。

1. 凸缘式联轴器的装配

(1)如图11-18所示,将凸缘盘3和4用平键分别装在轴1和轴2上,并固定齿轮箱。

(2)将百分表固定在凸缘盘4上,并使百分表触头抵在凸缘盘3的外圆上,找正凸缘盘3和4的同轴度。

(3)移动电动机,使凸缘盘3的凸台少许插进凸缘盘4的凹孔内。

（4）转动轴 2，测量两凸缘盘端面间的间隙 z。如果间隙均匀,则移动电动机使两凸缘盘端面靠近,固定电动机,用螺栓紧固两凸缘盘,最后再复查一次同轴度。

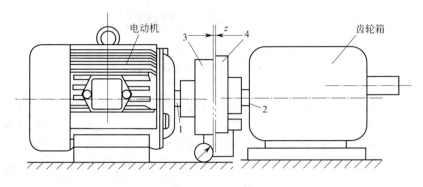

图 11-18 凸缘式联轴器

2. 十字槽式联轴器的装配

图 11-19 为十字槽式联轴器,由两个带槽的联轴盘和中间盘组成。中间盘的两面各有一条矩形凸块,两面凸块的中心线互相垂直并通过盘的中心。两个联轴盘的端面都有与中间盘对应的矩形凹槽,中间盘的凸块同时嵌入两联轴盘的凹槽。当主动轴旋转时,通过中间盘带动另一个联轴盘转动。同时凸块可在凹槽中游动,以适应两轴之间存在的一定径向偏移和少量的轴向移动。

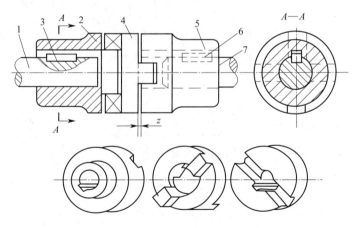

图 11-19 十字槽式联轴器
1、7—轴;2、5—联轴盘;3、6—键;4—中间盘

（1）装配要求

1）装配时,允许两轴有少量的径向偏移和倾斜,一般情况下轴向摆动量可在 1～2.5 mm 之间,径向摆动量可在 $(0.01\ d+0.25)$ mm 左右(d 为轴直径)。

2）中间盘在装配后,应能在两联轴盘之间自由滑动。

（2）装配方法

1）分别在轴 1 和轴 7 上装配键 3 和键 6,安装联轴盘 2 和 5。用直尺作为检查工具,检查直尺是否与 2 和 5 的外圆表面均匀接触,并且在垂直和水平两个方向都要均匀接触。

2)找正后,安装中间盘 4,并移动轴,使联轴盘和中间盘留有少量间隙,以满足中间盘的自由滑动要求。

模块 5　带传动的装配

任务 1　摩擦型带传动的种类及安装

预备知识　皮带传动是机械传动的一种主要方式,常用摩擦型带传动按带的截面形状分有平带传动、V 带传动、多楔带传动等,如图 11-20 所示。其中 V 带安装在带轮轮槽内,两侧面为工作面,在同样初拉力的作用下,其摩擦力是平带传动的 3 倍左右,故应用广泛,多楔带可传递很大的功率。多楔带传动兼有平带传动和 V 带传动的优点,柔韧性好、摩擦力大,主要用于传递大功率而结构要求紧凑的场合。

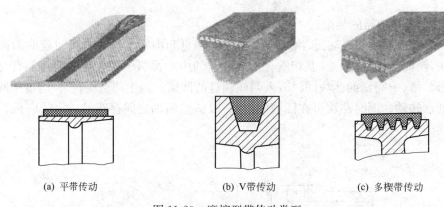

(a) 平带传动　　　　　　(b) V带传动　　　　　　(c) 多楔带传动

图 11-20　摩擦型带传动类型

操作实习

1. 带轮的装配

一般带轮孔与轴的键配合为过渡配合(H7/k6),有少量过盈。同轴度较高,装配时,按轴和轮毂孔键槽修配键,清除安装面上的污物,涂上机油,用手锤或铜棒将带轮轻轻打入。

带轮安装要注意两点。两个带轮的相互位置关系。如图 11-21 所示,两带轮不得错位和倾斜,可用拉线法检查。另外 V 型皮带与带轮沟槽的位置如图 11-22 所示,如果皮带沉入沟槽底部(图 11-22(b)),是错误的,可能是因为带轮沟槽尺寸错误,也可能是皮带选择型号不对,图 11-22(a)是正确的。

2. 皮带的装配

安装 V 型带时,先将 V 型带套入小带轮最外端第一个轮槽中,然后将 V 型带套入大带轮槽中,左手按住大带轮 V 型带,右手握住 V 型带往上拉,在拉力作用下,V 型带沿着转动的方向即可全部进入大带轮靠外的轮槽内。再用一字大螺丝刀撬起大带轮上的 V 型带,旋转带轮,可使 V 型带进入第二个轮槽中。这样重复动作,可将第

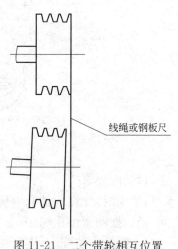

线绳或钢板尺

图 11-21　二个带轮相互位置
检查位置

一根 V 型带顺利拔到最里面的轮槽内,如图 11-23 所示。

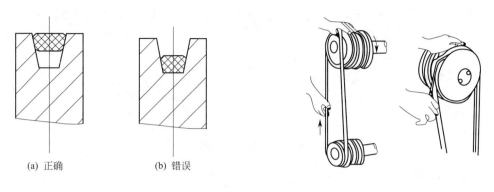

(a) 正确　　　　(b) 错误

图 11-22　V 型带在沟槽中图　　　　　图 11-23　V 型皮带的安装

3. 皮带传动件的选择

V 型带有七种型号,分别为 O、A、B、C、D、E、F。其中 O 型 V 带截面最小,F 型 V 带截面最大。O 型带承载的力最小,F 型带承载的力最大,经济型数控车床和全功能型数控的主轴电机到床头箱的传动,多数是使用 V 型皮带传动。

任务 2　同步齿形带的传动结构及特点

啮合型同步带传动结构。常用的啮合型带传动为同步带传动,如图 11-24 所示。

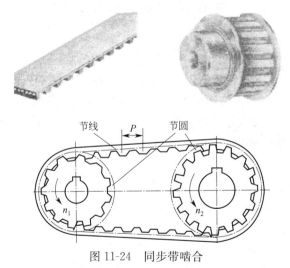

图 11-24　同步带啮合

1. 同步带的种类

同步齿形带的种类很多,截面有梯形也有圆弧形,其规格根据节距粗分,再根据齿数、节线细分。使用这种带传动既具有齿轮传动精度高的特点,又具有皮带传动平稳的特点,不会发生多走和少走的现象。若同步齿形带轮与电机或丝杠使用锥环连接,运动平稳好,更适合高速、精密机床的传动,数控车床和数控铣床、加工中心机床中,伺服电机到滚珠丝杠的皮带传动绝大多数使用同步齿形带。

2. 同步带的结构

节距制即同步带的主要参数是带齿节距,按节距大小不同,相应带、轮有不同的结构尺寸。该种规格制度目前被列为国际标准。

图 11-25　同步带节线

3. 同步带轮的结构

同步带轮有无挡圈、单边挡圈、双边挡圈等三种结构形式,如图 11-26 所示。若两轮的中心距大于最小带轮直径的 8 倍时,则两带轮应有侧边挡圈。因为随着中心距的增加,带滑、脱带轮的可能性也会增加。

(a) 无挡圈带轮　　　　　　　　(b) 单边挡圈带轮　　　　　　　　(c) 双边挡圈带轮

图 11-26　同步带轮结构形式

4. 同步带的张紧

由于同步带靠啮合力传递运动和动力,所以同步带传动的张紧力比 V 带传动的要小。但若同步带的张紧力过小,带将被轮齿向外压出,致使齿的啮合位置不正确,易发生带的变形,从而降低同步带的传递功率。若带变形太大,同步带将在带轮上发生跳齿现象,易导致带与带轮的损坏。因此,保持适当的张紧力对同步带传动是重要的。目前许多企业广泛采用同步带张紧度测量仪以检查同步带的张紧程度。

5. 同步带的传动特点

与普通带传动相比,同步带钢丝绳制成的强力层受载后变形极小,齿形带的周节基本不变,带与带轮间无相对滑动,传动比恒定、准确;齿形带薄且轻,可用于速度较高的场合,传动时线速度可达 40 m/s,传动比可达 10,传动效率可达 98%;结构紧凑,耐磨性好;由于预拉力小,承载能力也较小;制造和安装精度要求很高,要求有严格的中心距,故成本较高。

同步带传动主要用于要求传动比准确的场合,如计算机、录音机、高速机床、数控机床、汽车发动机、纺织机械等。

模块 6　齿轮与轴传动的装配

齿轮与轴的装配在机械装配中是最常见,应用最广泛的一种装配形式。齿轮传动机构组装后,应传动平稳无振动和噪声,换向无冲击,变速轻松,使用寿命长等优点。

　　齿轮与轴的连接形式有固定式连接、滑动式连接和空套式连接三种。固定式连接主要有键连接;滑动连接主要是花键连接;而空套式连接,一般为起换向作用的"过渡齿轮"与轴的配合。

任务 1　齿轮的安装

操作实习　安装步骤:

　　1. 去毛刺。把齿轮与轴上配合面上的毛刺用油石去除,用干净布把污物去除。

　　2. 采用键连接的,根据键槽尺寸,认真锉配键,使之达到连接的要求。

　　3. 将清洗并擦干净的配合面,涂上机油后,将齿轮装到轴上。这时分如下几种情况,如果是平键、半圆键连接,一般为过渡配合,可用铜棒或铅块轻轻敲入;如果齿轮孔与轴过盈较大,为了保证齿轮在进入轴时不偏歪。可采用图 11-27 所示,在齿轮上套上一个装配齿轮的简易工装,用锤敲击此工装,使齿轮受到均匀力进入轴。如果是空套连接,空套与轴也属间隙配合,可以自由转动。对于平键、半圆键连接,多数是固定连接,其轴向的固定一般使用螺钉顶在轴的凹窝中,螺钉有防松卡簧固定,装配时不要忘记。

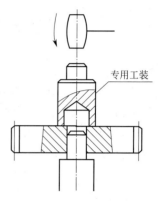

专用工装

图 11-27　用专用工装捶击装配

　　齿轮与轴的间隙过松,齿轮转动会有冲击。齿轮与齿轮啮合时,手感转动要轻松,不得有阻滞现象,要灵活。即齿轮啮合之间的间隙要适中。

任务 2　齿轮与轴装配精度的检测

操作实习　1. 直接观察法。用眼目观测,齿轮与轴是否同轴,可以多转几圈,看齿轮外圈是否有起伏跳动症状。齿轮端面与轴线是否垂直,观察齿轮端面在转动中是否左右摇摆,注意齿轮端面是否靠在轴的台阶端面上。

　　2. 用百分表或千分表测量。可以把装配后的齿轮轴放在两个 V 形铁上,也可放在两端有顶尖轴的平台上,检查时要先使轴与平台平行,可在轴的上母线拖表,如果表针不动,就是平行了。把圆柱规放在齿轮槽内,用百分表或千分表测头触及圆柱规的最高点,记下百分表的读数值。然后转动齿轮,利用图 11-28(a)中的定位插销分度,当转齿时,把插销向右

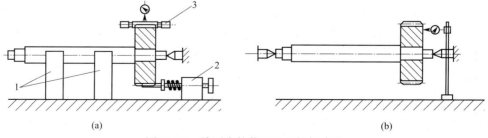

(a)　　　　　　　　　　　　　　　　　　(b)

图 11-28　检测齿轮装配后径跳与端跳
1—V 形架;2—定位插销;3—圆柱规

拔出,转一个齿或两个齿后,把插销插入齿与齿之间,做为定位基准,再记下百分表读数,转动齿轮一周后,百分表的最大读数与最小读数之差,就是齿轮分度圆的径向圆跳动。再检查齿轮端面的圆跳动,即上面提到的齿轮是否左右摇摆。如图11-28(b)所示用顶尖将齿轮心轴二端顶住,防止轴向窜动,将百分表或千分表测头指在齿轮端面上,操作时测头要尽量靠近外缘处,这样更准确。转动齿轮一周,百分表的最大读数与最小读数之差,即为齿轮端面圆跳动误差。

任务3　齿轮与齿轮啮合精度的检测

操作实习　齿轮与齿轮啮合精度,有齿侧间隙精度和接触精度,这两项精度决定了齿轮啮合性能。如果齿侧间隙过大,齿轮运转会发出很大噪声,如果接触精度不好,齿轮受力不好,磨损加快,因此检验这两项精度是十分重要的。

1. 检验齿侧有两种方法,一种用百分表检验,另一种用压铅丝方法检验

(1)百分表检验法,如图11-29所示。齿侧间隙是检测齿轮与齿轮啮合时,两齿轮面相互之间的间隙,测量时,将其中一个齿轮固定,在另一个齿轮啮合面上支上百分表,摆动这个齿轮,由于一个齿轮固定,这个齿轮只有一个小小的摆动角度,这个角度在百分表上有个读数,即为齿侧间隙。

(2)压铅丝检验法,如图11-30所示。在齿宽两端的齿面上,平行放置两条铅丝,其直径不能超过最小间隙的4倍。使齿轮啮合并挤压铅丝,铅丝被挤压后最薄处的尺寸,即为侧隙。

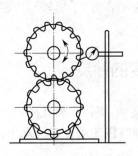

图11-29　齿侧间隙检验

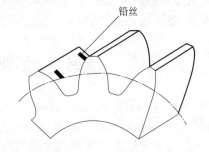

图11-30　压铅丝检验法

齿侧间隙的大小与两齿轮的中心距、齿轮模数、齿轮齿形的加工精度都有关系,调整时可以从这几方面来考虑。

2. 齿轮接触精度的检验

接触精度主要是检验齿轮啮合面接触点。检验接触点一般用涂色法,将红丹粉涂于主动轮上,用手转动主动轮,被动轮应轻轻加以制动,为增大摩擦力,对于双向工作齿轮,正反两个方向都要检查。一对齿轮正常啮合时,在齿宽方向的接触面积不小于40%～70%(齿轮精度高,接触面积应越大),在齿高方向不小于30%～50%,其分布的位置以分度圆为基准,上下对称分布。如图11-31所示,(a)图为啮合正确位置,啮合接触点在分度圆左右均匀分布;(b)图啮合接触点在分度圆的上方,说明齿轮中心距过大;(c)图啮合接触点在分度圆的下方,说明齿距中心距过小;(d)图啮合接触点在分度圆的一侧,说明啮合齿轮的轴线平行度超值。

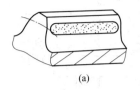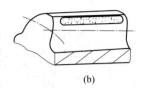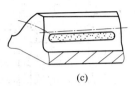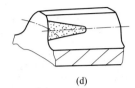

| (a) | (b) | (c) | (d) |

图 11-31　齿轮接触精度的检验

任务4　齿轮箱体孔的检验

1. 孔距的测量

齿轮的啮合质量除了齿轮本身的制造精度,箱体孔的尺寸精度、形状精度及位置精度都直接影响齿轮的啮合质量。所以,齿轮轴部件装配前应检查箱体的主要部位是否达到规定的技术要求。

装配前对箱体的检查,相互啮合的一对齿轮的安装中心距是影响齿侧间隙的主要因素,应使孔距在规定的公差范围内。孔距检查方法如图 11-32(a)所示。用游标卡尺分别测得 d_1、d_2、L_1 和 L_2,然后计算出中心距:

$$A = L_1 + \left(\frac{d_1}{2} + \frac{d_2}{2} \right)$$

或

$$A = L_2 - \left(\frac{d_1}{2} + \frac{d_2}{2} \right)$$

图 11-32(b)是用游标卡尺和心棒测量孔距 A。

$$A = \frac{L_1 + L_2}{2} - \frac{d_1 + d_2}{2}$$

2. 孔系平行度的检测

图 11-32(b)也可作为齿轮安装孔中心线平行度的测量方法。分别测量出心棒两端 L_1 和 L_2,则 $L_1 - L_2$ 就是两孔轴线的平行度误差值。

孔轴线与基面距离尺寸精度和平行度检验如图 11-33 所示,箱体基面用等高垫块支承在平板上,心棒与孔紧密配合。用游标高度尺(量块或百分表)测量心棒两端尺寸 h_1 和 h_2,则轴线与基面的距离:

$$h = \frac{h_1 + h_2}{2} - \frac{d}{2} - \alpha$$

孔轴线对基面平行度误差为:$\Delta = h_1 - h_2$

平行度误差太大时,可用刮削基面的方法纠正。

3. 孔中心线同轴度检测

孔中心线同轴度检验,如图 11-34(a)所示为成批生产时,用专用检验心棒进行检验。若心棒能自由地推入几个孔中,即表明孔同轴度合格。有不同直径孔时,用不同外径的检验套配合检验,以减少检验心棒数量。

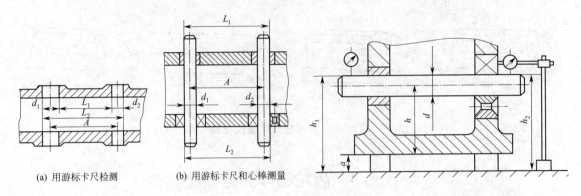

| (a) 用游标卡尺检测 | (b) 用游标卡尺和心棒测量 | |

图 11-32　箱体孔距检查　　　　　图 11-33　孔轴线与基面距离和平行度检测

图 11-34(b)为用百分表及心棒检验,将百分表固定在心棒上,转动心棒一周内,百分表最大读数与最小读数之差的一半即为同轴度误差值。

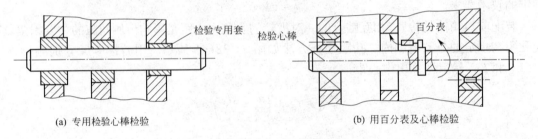

(a) 专用检验心棒检验　　　　　　　(b) 用百分表及心棒检验

图 11-34　孔中心线同轴度检验

4. 孔中心线与端面垂直度检测

图 11-35(a)是将带圆盘的专用心棒插入孔中,用涂色法或塞尺检查孔中心线与孔端面的垂直度。图 11-35(b)是用心棒和百分表检查,心棒转动一周,百分表读数的最大值与最小值之差,即为端面对孔中心线的垂直度误差。如发现误差超过规定值,可用刮削端面的方法纠正。

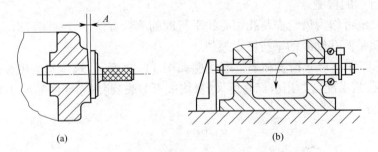

(a)　　　　　　　　　　(b)

图 11-35　孔中心线与端面垂直度检验

模块 7　滚动轴承的装配

在机械设备中,只要有轴的地方都有轴承,轴承分二种,一种是滑动轴承;一种是滚动轴承。滑动轴承在现代设备中应用已越来越少,取而代之是滚动轴承。滚动轴承是由滚动体(钢球或圆柱体)在滚道上滚动,产生的摩擦力是滚动磨擦,它比滑动磨擦小得多,因此其具有转速高,传动效率高,温升小,润滑方便等优点。

滚动轴承是专业厂大量生产的标准件。其内径和外径是由国家标准规定的。

任务 1 滚动轴承一览表

滚动轴承类型代号新、旧标准对比见表 11-1。

表 11-1 滚动轴承类型代号新、旧标准对比

轴承类型	新代号	原代号
双列角接触球轴承	0	
调心球轴承	1	
调心滚子轴承	2	
圆锥滚子轴承	3	7
双列深沟球轴承	4	
推力球轴承	5	8
深沟球轴承	6	0
角接触球轴承	7	6
推力圆柱滚子轴承	8	
圆柱滚子轴承	N	2

(1)轴承类型代号。共分为 0、1、2、3、4、5、6、7、8、N 十类。常用的轴号是 3、5、6、7、N 五类,对应的原代号为 7、8、0、6、2。

(2)轴承尺寸系列代号。由轴承的宽度系列代号和直径系列代号组合而成。组列时,宽度系列在前,直径系列在后。

宽度系列代号:一般正常宽度为"0",通常不标注。但对圆锥滚子轴承(7 类)和调心滚子轴承(3 类)等类型不能省略"0"。

外径系列代号:特轻(0 或 1)、轻(2)、中(3)、重(4)。

(3)内径代号。一般情况下,轴承内径用轴承内径代号(基本代号的后两位×5＝内径(mm)表示。比如,轴承 6204 的内径是 20 mm(04×5)。

轴承内径小于 20 mm,其代号见表 11-2。

表 11-2 滚动轴承内径代号(10～17 mm)

轴承内径尺寸(mm)	10	12	15	17
对应的内径代号	00	01	02	03

任务 2 滚动轴承的结构特点

滚动轴承一般由内圈、外圈、滚动体和保持架四大件组成。内圈装在轴颈上,外圈装在机座或零件的轴承孔内。大多数情况下,外圈不转动,内圈与轴一起转动。当内外圈之相对旋转时,滚动体沿着滚道滚动。保持架使滚动体均匀分布在滚道上,并减少滚动体之间的碰撞和磨损。

按照滚动轴承所能承受的主要载荷方向,可分为向心轴承(主要用于承受径向载荷)和推力轴承(主要用于承受轴向载荷)。

为了满足各种机械的多方面要求,滚动轴承有多种类型。按滚动体的形状,滚动轴承可分为球轴承和滚子轴承;按滚动体的列数,可以分为单列或双列等。

(1)深沟球轴承(GB/T 276)。如图 11-36(a)所示,主要承受径向载荷,也可同时承受少量双向轴向载荷。摩擦阻力小,极限转速高,结构简单,价格便宜,应用广泛。

(2)调心球轴承(GB/T 281)。如图 11-36(b)所示,主要承受径向载荷,也可承受少量的双向轴向载荷。外圈滚道为球面,具有自动调心性能,适用于弯曲。

(3)角接触球轴承(GB/T 292)。如图 11-36(c)所示,可以同时承受径向载荷轴向载荷,接触角 α 有 15°、25°、40°三种。适用于转速较高,同时承受径向和轴向载荷的场合。

(4)双列深沟球轴承(4200/4300 型)。如图 11-36(d)所示,主要承受径向载荷也能承受一定的双向轴向载荷。它比深沟球轴承具有更大的承载能力。

(5)推力球轴承(GB/T 301)。单向(5100)型只能承受单向轴向载荷,适用于轴向力大而转速较低的场合。双向(5200)型(图 11-36(e))可承受双向轴向载荷,常用于轴向载荷大、转速不高的场合。

(6)调心滚子轴承(GB/T 288)。如图 11-36(f)所示,用于承受径向载荷,其承载能力比调心球轴承大,也能承受少量的双向轴向载荷。具有调心性能,适用于弯曲刚度小的轴。

(7)圆柱滚子轴承(GB/T 283)。如图 11-36(g)所示,圆柱滚子轴承只能承受单向载荷,不能承受轴向载荷。承受载荷能力比同尺寸的球轴承大,尤其是承受冲载荷。

(8)推力圆柱滚子轴承(GB/T 4663)。如图 11-36(h)所示,只能承受单向轴向载荷,承载能力比推力球轴承大得多,不允许轴线偏移。适用于轴向载荷大而不需调心的场合。

(9)圆锥滚子轴承(GB/T 297)。如图 11-36(i)所示,能承受较大的径向载荷和轴向载荷。内外圈可分离,故轴承游隙可在安装时调整,通常成对使用,对称安装。

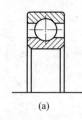 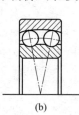 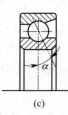 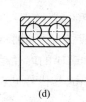

(a)　　　　　(b)　　　　　(c)　　　　　(d)　　　　　(e)

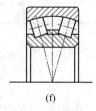 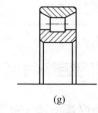 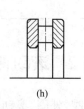 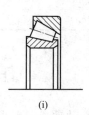

(f)　　　　　(g)　　　　　(h)　　　　　(i)

图 11-36　滚动轴承种类

任务 3　滚动轴承的公差带位置

预备知识

　　滚动轴承与轴配合是由内圈的孔与轴相配,内圈的孔采用基孔制,请注意其公差带在零线以下,取负值,这与标准基孔制不一样。与其相配合的轴如果采用 k6、m6、n6,而 k6、m6、n6 的公差带在零线之上,这样三种都是过盈配合。

　　滚动轴承与孔配合是由轴承外圈与壳体、箱体的孔相配,外圈采用基轴制,公差带在零线以下,与标准基轴制的位置相同,但大小与标准基轴制不一样。与其相配合的孔,如果采用 H5、H6、E6、K5,则轴承外圈与孔的配合相对内圈与轴要松些了,这四种配合是间隙和过渡配合。当然轴承的内圈与轴的配合,轴有时也采用 js6,这样配合轴孔就是过渡配合了。

任务 4　滚动轴承的代号及公差等级代号的意义

预备知识

　　深沟球轴承、角接触球轴承、圆锥滚子轴承和推力轴承的公差等级代见表 11-3。代号标注方法示例:

　　例 1:6308:6—孔深沟球轴承,3—中系列,08—内径 $d=40$ mm,公差等级为 0 级、游隙组为“0”组都不标注。

　　例 2:N105/P5:N—圆柱滚子轴承,1—特轻系列,05—内径 $d=20$ mm,P5—公差等级为 5 级,游隙组为“0”组不标注。

　　例 3:7214C/P4:7—角接触球轴承,2—轻系列,14—内径 $d=70$ mm,C—公称接触角 $\alpha=15°$,P4—公差等级为 4 级,游隙组为“0”组不标注。

　　例 4:30213:3—圆锥滚子轴承,0—正常宽度（0 不可省略）,2—轻系列,13—内径,$d=65$ mm,公差等级为“0”级、游隙组为“0”组都不标注。

表 11-3　滚动轴承的公差等级

精度	深沟球轴承、角接触球轴承		圆锥滚子轴承		推力轴承	
	新标准	旧标准	新标准	旧标准	新标准	旧标准
高 ↓ 低	P2	B	P4	C	P4	C
	P4	C	P5	D	P5	D
	P5	D	P6X	E	P6	E
	P6	E	P0	G(E)	P0	G
	P0	G				

任务 5　滚动轴承的装配

操作实习

　　1. 圆柱孔轴承的装配方法

　　所谓圆柱孔轴承即轴承的内圈与轴相配的孔是圆柱形的。除此以外轴承内圈与轴相配的孔还有圆锥形。圆柱孔轴承的装配顺序主要是依据内圈与外圈配合松紧程度来决定。当轴承内圈与轴颈配合较紧而外圈与箱体(壳体)配合较松时,为一种情况;当轴承内圈与轴颈配合较松而外圈与箱体(壳体)配合较紧时为另一种情况;当内圈与轴颈、外圈与箱体配合都比较紧时,为第三种情况。

　　装配前先把轴承代号与图纸对一下,然后把轴承防锈油用汽油或煤油清洗干净。检查与其相配合的轴与箱体孔,是否有毛刺、锈蚀、缺陷和脏物,用汽油或煤油清洗,擦干净。

　　当轴承内圈与轴颈较紧,而外圈箱体配合较松时,应先将轴承装配到轴上,敲击时一定要用铜棒垫在轴承内圈上,按前、后、左、右四点均匀的用手锤敲铜棒,使内圈缓缓进入轴颈。有条件的可用自制的套筒全接触地放在轴承内圈上,用锤敲击套筒使轴承内圈在全受力的条件下,均匀地进入轴颈,这样装配防止内圈装配时偏歪,使内圈平面与轴颈保持垂直,如图 11-37 所示。注意:用手锤直接敲击轴承内外圈,或用手锤

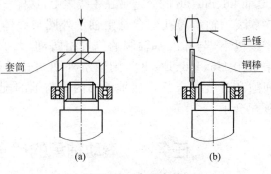

图 11-37　专用套筒

垫钢棒敲击轴承内外圈都是绝对禁止的,是一种违规。当轴承内圈装配到轴上后,再将轴承和轴一起装入箱体(或壳体)中,装配时仍用手锤垫铜棒或其他软的金属,把轴承的外圈装入箱体孔中。

　　当轴承内圈与轴颈较松,而外圈与箱体配合较紧时,应先将轴承装配到箱体中,方法同上。自制套筒要与轴承外圈全接触,如图 11-38 所示然后再将轴装入轴承内圈中。

　　当轴承内圈与轴颈、外圈与箱体配合都比较紧时,则要二圈同时压入轴和箱体中,需要自制专用套筒工装,如图 11-39 所示。自制专用套筒工装必须与内圈及外圈全接触,手锤敲击工装,使二圈同时压入轴和箱体中。

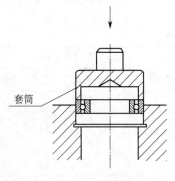

图 11-38　专用套筒

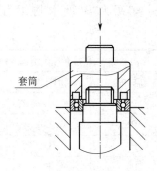

图 11-39　专用套筒

　　对于轴承内外圈可以分离的轴承,例如圆锥滚子轴承,可分别将内圈装到轴上,外圈装到箱体上。然后轴与轴承内圈的组件装入轴承外圈孔中。装配时仍按前面所述用铜棒沿轴承内、外圈均匀敲入,或用专用套筒敲入。具有保持架的轴承在装配时,切记铜棒不能碰到轴承的保持架,以免损坏保持架。

　　2. 推力球轴承的装配方法

　　推力球轴承是承受单一轴向力,不能承受径向力。其结构是两个靠端面受力的带滚道的

圆片,而圆片中的孔,有大小之分,孔大的叫松环,孔小的叫紧环。装配时特别注意,紧环与松环位置不能颠倒。紧环一定要靠在转动零件的端面上,松环要靠在静止不动的零件平面上,例如:箱体的壁上,如图 11-40 所示。

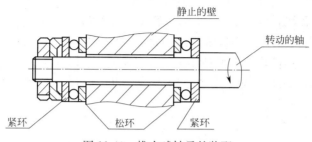

图 11-40　推力球轴承的装配

任务6　滚动轴承调整

操作实习　　滚动轴承装配后需要通过轴承间隙的调整,使其转动灵活又无间隙,例如装配数控机床,它是较精密的机床,轴承装配后产生的间隙是机床传动误差中一个主要原因。轴承间隙的调整,常通过如下方法来解决。首先装配中要严格按如上操作规程进行,严禁用手锤直接乱敲,破坏轴承表面精度和运动精度。第二轴承一般是靠端面的,装配时要使轴承与端面靠紧,不得悬空,造成人为的间隙。第三是轴承间隙的调整,也可以称之为轴承的预紧。常用的调整预紧有如下几种。

1. 角接触球轴承的预紧

角接触球轴承的特点,不仅能承受径向力,还能承受轴向力。通过成组使用,还能承受两个方向的轴向力,因此被广泛运用在数控机床机械结构中,数控机床中很多传动轴上都使用角接触轴承。此类轴承间隙的调整由于是成对安装,可施加轴向力来解决。第一种安装是背靠背安装,两个轴承的外圈宽边相靠,轴承外圈窄边向外如图 11-41 所示,施加轴向力是指向轴承的内圈,作用力是相对的一对外力,使两个轴承的轴向间隙消除,这两个相对外力叫预紧力。预紧力不能过大,不能过小,要适中,所谓适中就是轴承用手来转动时,俗话说感觉带点劲,转动不是很费力,这是靠实践经验来判断。第二种叫面对面安装,两个轴承内圈的窄边相靠,轴承外圈的宽边向外,如图 11-42 所示,施加轴向力指向轴承的外圈宽边,作用力也是相对的一对外力,使两个轴承的轴向间隙消除。第三种串联安装,一个轴承的外圈宽边与另一个轴承的外圈窄边相靠,如图 10-43 所示,按图中箭头一个指向外圈的宽边,一个指向内圈,箭头相对,达到消除轴向间隙的作用。

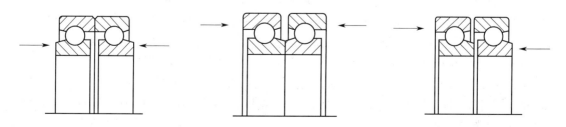

图 11-41　角接触轴承背靠背安装　　图 11-42　角接触轴承面对面安装　　图 11-43　角接触轴承串联安装

2. 圆锥滚子轴承的预紧

圆锥滚子轴承,滚动体不是钢球,而是锥形滚柱,具有承受径向、轴向大载荷的能力,由于滚道是锥形,通过施加轴向力,可以预紧。加垫片调整法,是通过改变轴承盖垫片厚度来调整轴承的轴向间隙,可用铅丝垫在轴承压盖的下面,拧紧压盖螺钉,转动带轴承的轴,手感松紧合适后把压盖拆下,用卡尺量铅丝的厚度,此厚度即为调整的厚度。如图 11-44 所示也可以垫厚纸来试。此方法简单易行。

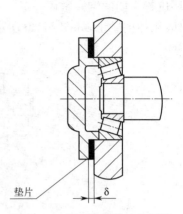

图 11-44　用垫片调整轴向间隙

3. 推力球轴承的预紧

推力球轴承的间隙是依靠压在其上的调节螺母来调整轴承松紧间隙。调整时边锁紧螺母,边检查推力球轴承的松紧程度,一般凭手感即经验判断,当调整到松紧合适时,将锁紧螺母锁紧即可,注意螺母要有防松装置,如图 11-40 所示。

模块 8　润滑与密封件的结构及装配

合理选择润滑剂及润滑装置,对机械装置实行润滑,可以减少摩擦、降低磨损,提高机械设备的使用效率和延长寿命,同时还可起到冷却、防锈、防尘和吸振等作用。

润滑剂的种类及润滑方式,生产中常用的润滑剂包括润滑油、润滑脂和固体润滑剂等。常用的润滑方式分为集中润滑、分散润滑、连续润滑、间歇润滑、压力润滑、无压润滑和循环润滑等多种。生产中根据实际情况灵活选用。

任务 1　机械装置的润滑

预备知识　　机床中需要润滑的机械装置主要包括滑动轴承、滚动轴承、导轨、变速箱和链传动机构等,下面介绍导轨润滑和变速箱润滑。

1. 导轨的润滑

导轨因结构形式的不同,分为滑动导轨、静压导轨及滚动导轨。

(1)对于滑动导轨,润滑方式当导轨面负荷较小、摩擦频次较小时,采用间歇无压润滑。当导轨面负荷较大,且连续摩擦时,采用连续压力循环润滑方式。

在精密机床导轨滑行速度很慢,且润滑剂供给不足、质量不好或选择不当时,易产生爬行现象,因此,不能使用一般的全损耗系统用油,必须选用具有良好抗爬性并具有合适黏度的导轨油。当机床导轨面负荷较大时,导轨油应选用黏度较高的,如滚齿机、坐标镗床应选用 N68、N100 或 N150 导轨油;而负荷较小,如磨床选用 N32 或 N68 导轨油即可。

导轨和液压系统共用一种油,且负荷低、移动速度慢,大部分磨床属于这种情况。由于液压系统和导轨润滑是同一个油路系统,既要保证加工精度、避免导轨的慢速爬行,又要使润滑油顺利运行,一般选用运动黏度为 20~40(50 ℃)的导轨油。采用叶片泵、齿轮泵的机床用 N32~N68 液压导轨油;采用螺杆泵的机床用 N68 导轨油,滑动导轨常应用油杯润滑,如图 11-45 所示。

（2）滚动导轨常应用集中润滑系统，如图
11-46所示。现代数控机床的润滑已摆脱过去
机械式润滑和手工润滑的模式，而自成体系，取
名为集中润滑系统。它有自己独立的润滑油箱、
油泵、定时器、分配器，按时按量，按润滑点向各
润滑部位进行润滑，完全是自动完成，无需人工
去干预，只需要定期检查润滑油箱是否有油
即可。

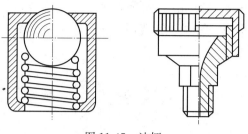

图 11-45　油杯

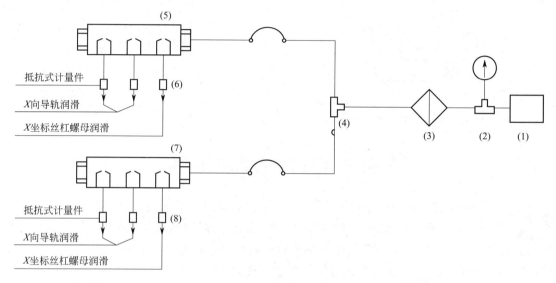

图 11-46　集中润滑系统

1—润滑泵；2—油压表；3—过滤器；4—三通；

5、7—抵抗式联接体；6、8—抵抗式计量件

（3）导轨润滑性能的改善，在机床导轨的修理过程中，还可通过改变修理中的刮研工艺，由
宽刮代替点刮。宽刮利于油楔的建立，增加油膜厚度，减少摩擦系数，从而改善导轨的润滑
状态。

2. 变速箱的润滑

机床变速箱在机械设备中是较复杂的部件，由箱体、传动轴、轴承、齿轮副、离合器、凸轮、
螺旋副及操纵元件等组成。由于各种不同的摩擦副同时集中在同一箱体中，一般均采用油浴
式循环润滑方式，例如普通车床的床头箱润滑，润滑油经油泵吸入床头箱，喷到各轴承润滑点
后流入床头箱底，箱底的润滑油经齿轮转动，又将润滑油飞溅到各齿轮和轴上，床头箱底部是
油浴式润滑，床头箱上部属于循环、飞溅式润滑，此种润滑由于是大流量循环润滑，因此可以起
到冷却主轴的作用，降低了主轴的温升。缺点是密封如果不好，极易漏油。有些高精度数控机
床常采用油脂润滑，例如数控铣床、加工中心机床，采用高级润滑脂，油脂润滑一般是密封在轴
承中，机床在装配时装入，它是根据机床说明书要求进行补充或更换的。

对常见的齿轮副，选择变速箱齿轮的润滑方式主要根据齿轮工作的线速度确定，一般当齿
轮旋转的最大线速度小于 0.8 m/s 时，采用手工涂润滑脂方法，如图 11-47 所示；当线速度在

(0.8～12) m/s 时,采用浸油润滑,如图 11-48 所示;当齿轮的线速度大于 12 m/s 时,润滑采用压力喷油润滑,普通车床的床头箱就属于这种类型。

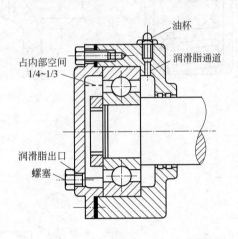

图 11-47   轴承座中的油脂润滑

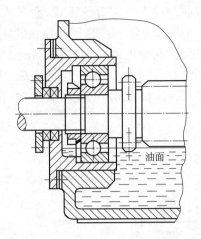

图 11-48   油浴式润滑

任务 2   密封件的结构及安装

预备知识

机械设备上使用了很多密封件,密封的好坏对机床运行有直接的影响。良好的密封结构,能防止润滑油、润滑脂的泄露,防止外界的粉尘、水分或化学有害物质对机床内部的腐蚀磨损。密封件被广泛使用在机床的液压、气动、润滑、冷却中,密封件装配的好坏,将直接影响机床是否会出现漏油、漏气、漏水等现象。

密封件的种类可分为非接触式密封和接触式密封两种。

1. 非接触式密封

非接触密封的密封装置与相对运动的零件不接触,工作中不产生磨擦热,可在高速旋转中使用。非接触密封典型的例子如图 11-49 所示。机床主轴中使用的一种非接触式密封。当主轴旋转起来,主轴轴承中的润滑油被甩向主轴前端,主轴的前端上凸凹槽起到阻挡润滑油的作用实现密封。因前部的凹槽中有回油孔,使甩出的油又流回主轴箱体内,实现了非接触式密封。

2. 接触式密封

接触式密封的密封装置与相对应的零件相互接触,实现密封。相对应零件可以是静止的,也可以是运动的。如轴承挡盖的密封就是相对静止的密封。液压油缸中活塞的密封就是相对运动的密封。

接触式密封又分成毡圈密封和橡胶密封两种。毡圈式用毛毡为材料,结构简单,磨擦力较大,适用低速运行的工件。橡胶油封式密封用橡胶为材料,机床常用的是 O 型密封圈,V 型密封圈,如图 11-50 所示。

操作实习

密封圈作用是封油、封水、封气。装配虽然比较简单,但意义很重要,它会直接影响机床性能及外观质量。以 O 型密封圈为例,装配时的步骤如下:

1. 选择密封圈的规格

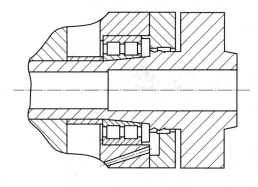

图 11-49　非接触式密封

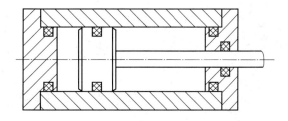

图 11-50　活塞式密封

O 型密封圈的代号为 GB 3452.1。例如标记：11.8×1.8；GB 3452.1 表示 O 型密封圈：$d_1 = 11.8$，密封圈 $d_2 = 1.8$，如图 11-51 所示。

2. O 型密封圈在装入内腔孔时，装配可涂点机油润滑，轻轻推入。对于有相对运动的密封圈，如旋转类的轴或者往复运动的油缸，装配密封圈时要格外注意，不能蛮干，而要仔细地进行装配，一但拉伤、切伤密封圈，就起不到密封作用，机床性能会因此而达不到要求。

3. 对于 V 型密封圈，如图 11-52 所示，其有方向性，不能装反。装反不起作用，需特别注意。

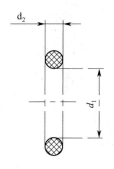

图 11-51　O 型密封圈

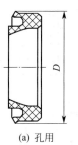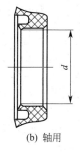

(a) 孔用　　　　(b) 轴用

图 11-52　V 型密封圈

项目十二　机　械　维　修

模块1　机修钳工常用工具及量具

任务1　顶拔器

顶拔器是装配钳工在拆卸机械设备中必不可缺少的工具,有两种形式,一种是两爪顶拔器,如图12-1所示,另一种是三爪顶拔器,如图12-2所示。

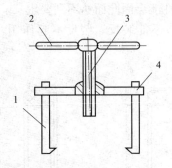

图12-1　两爪顶拔器

1—拉爪;2—手柄;3—顶杆;4—横梁

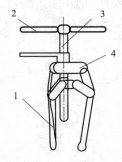

图12-2　三爪顶拔器

1—拉爪;2—手柄;3—顶杆;4—横梁

1. 操作步骤

(1)根据零件直径和轴头长度,选择规格合适的顶拔器。

(2)将顶拔器的拉爪对称地勾在零件背端面上,调整顶杆,使顶杆顶稳在零件端面的中心孔内。

(3)顺时针慢慢地扳转手柄,旋入顶杆,匀力旋转手柄杆,注意不要让爪钩滑脱。

(4)当零件退出一段距离,顶杆螺纹行程不够时,可退出顶杆,在轴端加垫块后继续拆卸。

(5)拆卸的零件要掉下来时,应用手托住零件,以防突然落下,发生意外事故。作业后清理现场。

2. 操作实例

利用二爪或三爪顶拔器,将轴承卸下来,如果此轴承要更换,可用图12-3(a)拆卸。如果此轴承要保留,要用图12-3(b)拆卸,即作用力在轴承的内环,不能作用在外环,以免拉坏轴承。

利用二爪或三爪顶拔器,还可以拆卸电机皮带轮等过渡配合或过盈配合的工件。

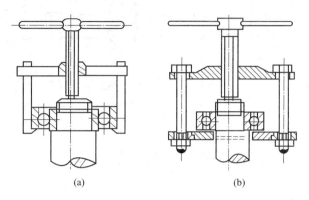

(a)　　　　　　　　　　(b)

图 12-3　二爪顶拔器拆卸轴承

任务 2　拔销棍

拔销棍也是装配钳工在拆卸机械设备中必不可少的工具,其结构形式如图 12-4 所示。利用它可以拔出箱体中的轴、固定零件的圆柱销或圆锥销。

1. 操作步骤

(1)根据销子或轴端面的螺孔直径,拔销棍前端螺钉孔的大小选择规格合适的拔销棍螺钉。

(2)将拔销棍前端螺钉旋入销子或轴的螺孔中,旋入深度应大于螺孔直径。

(3)摆正拉杆轴向位置,左手轻扶受力手柄,右手拔动作用力圈,先轻轻撞击手柄,观察无异常,再逐渐加力,由轻到重边撞击,销子松动递减力。

(4)卸下销子。

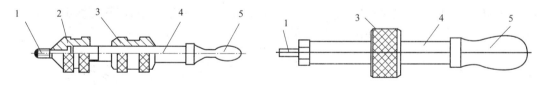

图 12-4　拔销棍

1—可更换螺钉;2—固定螺钉套;3—作用力圈;4—拉杆;5—受力手柄

2. 操作实例

图 12-5 是拆卸圆锥销的示例,使用时将拔销棍的头部装上与销子同样规格的外螺纹头,然后用拔销棍中部的作用力圈,撞击拔销棍的后端手柄,销子受到向外轴向力的作用,会顺利拔出。

圆柱销、圆锥销装配要考虑拆卸问题,一般选用带有能被拔起的内螺纹销子。圆柱销与圆锥销在盲孔中装配时,必须考虑排气孔,可事先在销子上钻一通孔或在侧面开一道微小的通槽,供装销子时排气用,保证销子能装配到位。

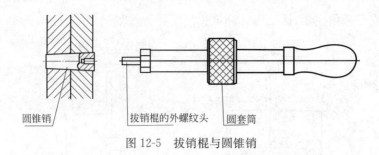

圆锥销　　　　　拔销棍的外螺纹头　　圆套筒

图 12-5　拔销棍与圆锥销

任务 3　水　平　仪

预备知识

1. 水平仪的种类

常用的水平仪有三种,分别是条式水平仪、框式水平仪、光学合像水平仪。条式水平仪有Ⅰ型、Ⅱ型二种。Ⅰ型的水准气泡是不可调整的,Ⅱ型的水准气泡是可以调整的。水平仪工作面长度有 200 mm 和 300 mm 两种。水准气泡每移动 1 格,被测长度 1 m 的两端高低差 0.02 mm。主要用于检验机床基础件的安装水平,如床身、工作台等,如图 12-6 所示。

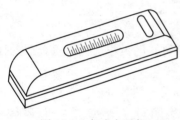

图 12-6　条式水平仪

框式水平仪其用途比普通条式水平仪广泛,它不仅可以检查水平位置,而且还可以测量和校正机械零部件的相互位置的垂直度,如图 12-7 所示。它有 4 个互相垂直的工作面,并有纵向和横向水准器。其工作面长度有 150 mm×150 mm、200 mm×200 mm、300 mm×300 mm 三种,其精度有 0.02 mm/m、0.025 mm/m、和 0.03 mm/m 三种,常用的工作面长度为 200 mm×200 mm,精度为 0.02 mm/m。

光学合像水平仪采用了将水准气泡调平,双像重合,透镜放大和机械测微机构,提高了水平仪的测量范围,提高了测量精度,另外其水准器玻璃管的曲率半径小,使气泡稳定快,所需时间短,测量更简捷,易于操作,如图 12-8 所示。

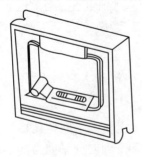

图 12-7　框式水平仪

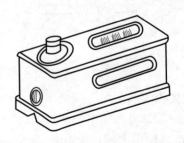

图 12-8　光学合像水平仪

2. 水平仪的读数

水平仪放置好后,主要是看水平仪水准器气泡的位置。有二种读数值的方法,一种绝对读数法,一种为平均读数法。

（1）绝对读数法

水准器气泡在中间位置时读作零。以零线为基准，气泡向任意一端偏离零线的格线，就是实际偏差的数。当水平仪仰起，气泡向上移动为正值，反之水平仪气泡走向为负值。在测量中，习惯大都由左向右进行测量，把气泡向右移动作为正值，向左移动作为负值，如图12-9（a）所示，实际读数为+2格。

（2）平均值读数法

当水准器的气泡静止时，读出气泡两端各自偏离零线的格数，然后将两格相加除2，取其平均值作为读数。如图12-9（b）所示，气泡向右端偏移3个格，气泡向左端偏移2个格，实际读数为+2.5格。

（3）水平仪的使用方法

以检验数控车床的安装水平为例。数控车床床头和床尾安装好可调垫块，把二个水平仪分别按图12-10放置在中拖板上，手摇脉冲进给轮或点动Z轴方向键使中拖板靠近床头，接近Z轴负向极限位置，把二个水平仪分别调整到零线刻度附近，如果不在零线，可以调整各垫铁的高度，水平仪读数时，必须确认水准管气泡已处于稳定的静止位置。然后将中拖板移到床尾，靠近Z轴正向极限位置，这样分别看Z向水平仪和X向水平仪。如果Z向水平仪气泡在右端（靠尾座），并且X向水平仪气泡移向机床里侧，说明尾座方向垫铁（机床里侧）高，将此垫铁高度降下后，如果两个水平仪都往回移动说明调整正确。再将中拖板移向床头，观察两个水平仪，这样需反复多次，将水平仪在X、Z轴两个行程中差距在2格内，说明基本调平。

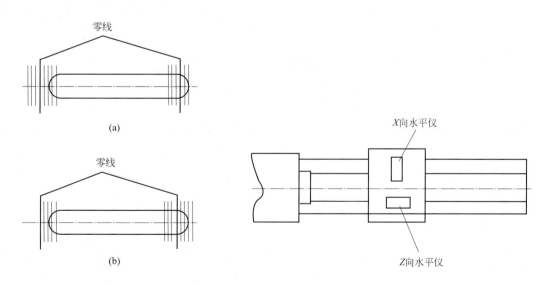

图12-9　水平仪读数法　　　　　　　　　　图12-10　机床水平调平

操作实习　使用水平仪检查导轨直线度用水平仪可以检查机床导轨在垂直平面的直线度，用水平仪检查直线度的方法如下：

机床导轨长1 400 mm，用精度为0.02 mm/m条式水平仪检查。首先将水平仪调零，可以使用可调垫铁，把水平仪放置在可调垫铁的中间。将导轨总长度按200 mm分成7段，每200 mm检测一次，得到数值分别为+1、+1、+2、−0.5、−1、−0.80、0。如图12-11所示，依据此数据,画出曲线图。

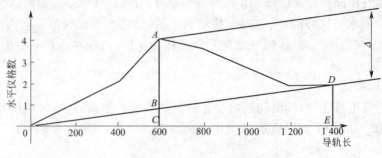

图 12-11　导轨直线度

从图 12-11 中可见导轨在 600 mm 为凸起,用首尾连线后,过最高点做连线平行线,二平行线之间与横坐标平行的距离设为 Δ,Δ 值为导轨凸起的最大值。通过 $\triangle ODE$ 求出 BC,那么 $\Delta = AC - BC$。

$$\frac{BC}{ED} = \frac{600}{1\,400}$$

$$BC = \frac{600}{1\,400} \times ED$$

$$ED = 1 + 1 + 2 - 0.5 - 1 - 0.8 = 1.7$$

$$BC = 0.728(格)$$

$$AB = AC - BC = 4 - 0.728 = 3.272(格)$$

导轨的直线度误差:

$$\delta = \Delta i L$$

式中　i——水平仪的精度 0.02 mm /格;

　　　L——每段测量长度。

导轨的直线度误差:$\delta = 3.272 \times 0.02 / 1\,000 \times 200 = 0.013$ mm

任务 4　检验棒

检验棒又称量棒或芯棒,在机修作业中用于测量机床主轴的径向圆跳动和轴向窜动,各传动轴之间的同轴度、平行度和相交角度,轴线与平面的平行度、垂直度以及轴线之间距离测量的基准,检验棒是一种应用十分广泛的量具,检验棒已成为标准系列,已有专业化工厂生产并出售。

检验棒的测量面是作为被测轴线的基准线,所以检验棒制造时要求有较高精度的圆柱度、圆锥度及各轴颈的同轴度。为了延长量棒的使用寿命,检验棒表面要有较高的硬度,以提高其耐磨性。

预备知识

1. 检验棒的种类

如图 12-12 所示,检验棒的种类很多,在机床几何精度检查中常用圆柱形检验棒、莫氏锥柄检验棒、7∶24 锥度锥柄检验棒以及一些特殊检验棒。

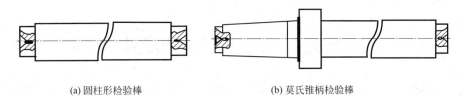

(a) 圆柱形检验棒　　　　　　　　　　(b) 莫氏锥柄检验棒

图 12-12　检验棒

2. 检验棒在机床几何精度检查中主要的检测项目

(1)旋转轴线的径向和轴向窜动的测量。

(2)轴线与轴线间的同轴度、平行度和垂直度的测量。

(3)轴线与平面间的平行度和垂直度的测量。

3. 检验棒使用的注意事项

使用前应对检验棒及配合的孔进行清理,以保护检验棒的安装锥柄。使用中不能发生磕碰,应注意保护检验棒的中心孔。使用以后,必须擦拭干净,上油后垂直吊挂,以免变形。

模块 2　零件修复的知识

任务 1　断头螺钉拆卸

操作实习　　螺纹连接件中常见的问题是因用力过大将螺纹扭断,螺栓扭断部分留在孔内如何又快又省力的将其取出,这里介绍一种方便易行的方法,用錾子剔被剪断的螺纹端面,如图 12-13 所示。一般螺纹都是右旋,先逆时针方向用錾子剔螺纹,剔之前可向螺纹上浇点煤油,起到润滑作用,待油渗入螺纹后用錾子剔。如果一点不动可考虑左旋螺纹,再反向试试,用此方法一般的断头螺纹都能拧出来。另外还有几种方法,可以参考。在孔外的螺纹用锉刀锉两个平行的平面,用扳手将孔内的螺杆旋出,如图 12-14(a)所示;在孔外螺栓的端面上用手锯锯削一个直槽,如图 12-14(b)所示,然后用一字螺丝刀将断在孔内的螺杆旋出;在孔外螺栓端面上焊一个螺母,如图 12-14(c)所示,然后用扳手扳动焊接的螺母,即可将断在螺纹孔内的螺栓取出;用直径略小于螺纹小径的钻头,将断在孔内的螺栓钻掉,然后用同样尺寸的丝锥,将原螺孔再攻一遍,如图 12-15 所示。

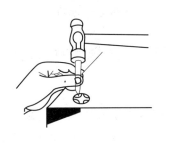

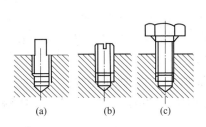

(a)　　　　(b)　　　　(c)

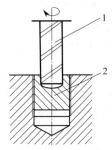

图 12-13　断螺栓的取出　　　　　图 12-14　断螺栓的取出　　　　图 12-15　断螺栓的取出

1—钻头;2—断螺栓

任务2　螺钉被破坏的修复

操作实习　螺纹孔被破坏的情况下,指螺纹已乱扣,无法使用时,可以用下面二种方法修复。把原孔放大,用钻头放大原孔,再用丝锥重新攻大一号的螺纹孔。再根据新螺纹配制台阶螺栓。台阶螺栓大直径的螺纹和新攻制的螺纹孔配合,小直径的螺纹和原螺纹相同,将台阶螺栓拧紧在新攻制的螺纹孔内即可,如图12-16所示。用镶配螺纹套修复,将原螺纹孔扩大,根据扩大后的孔径尺寸镶套,并将套与机体牢固的连成一体后,在镶套的孔中攻制内螺纹。这种方法的好处是螺栓还用原来规格的螺栓,便于以后更换,镶套要注意,为了防止镶套转动,在套的外径钻、攻丝一个小螺钉孔,在小孔中拧入一个防松骑缝螺钉,起到止动作用。如图12-17所示。

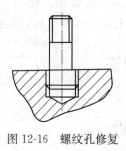

图12-16　螺纹孔修复

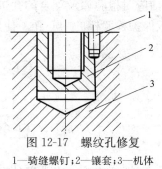

图12-17　螺纹孔修复

1—骑缝螺钉;2—镶套;3—机体

任务3　齿轮的修理

操作实习　1. 齿轮严重磨损或轮齿断裂时,一般都应更换新的齿轮。当一个大齿轮和一个小齿轮啮合时,因小齿轮磨损较快,应先更换小齿轮。更换齿轮时,新齿轮的齿数、模数、齿形角必须与原齿轮相同。

2. 对于大模数齿轮或一些传动精度要求不高的齿轮,当轮齿局部损坏时,可采用焊补法或镶齿法修复。

(1)焊补法修复法(图12-18)

1) 根据齿轮材料选用相应的焊条,放在50～200℃的电炉中烘焙40～60 min。

2) 堆焊(图12-19)。在零件适当位置上放置引弧和落弧的紫铜板,通过引弧堆焊于齿轮崩齿处,直到堆满齿为止。锤击焊口,清除熔渣。

3)立刻向堆焊处浇一遍冷水,然后迅速将零件放人50～60℃的电炉中,关闭电炉,让其随炉冷却或立刻进行低温回火处理。

4)待零件冷却至室温后即可进行切齿加工修复。

5)检查修复后的轮齿是否符合有关的技术要求,焊缝热影响区有无明显的退火现象。修复后的齿形如图12-20所示。

(2)镶齿法修复的一般步骤。

1)将损坏的轮齿切掉。

图 12-18 崩齿缺陷　　　　　图 12-19 堆焊方法　　　　　图 12-20 修复后的齿形

2）根据修复齿的形状和尺寸镶配新的轮齿。

3）焊接固定，如图 12-21（a）所示；或用螺钉固定，如图 12-21（b）所示。

3. 更换轮缘修复法（图 12-22 ）

（1）将损坏的齿轮轮齿车掉。

（2）按原齿轮外圆和车掉轮齿后的直径配制一个新的轮缘。

（3）将新制轮缘压入齿坯，用焊接、铆接或螺钉固定的方法将新的轮缘固定（图 12-22）。

（4）在加工齿轮的机床上按技术要求加工出新的轮齿。

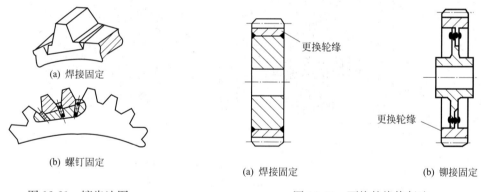

图 12-21 镶齿法图　　　　　　　图 12-22 更换轮缘修复法

任务 4　蜗杆蜗轮传动件的修理

　　蜗杆蜗轮传动件磨损或划伤后，通常是要更换新件，做为蜗轮，大多是铜件，蜗杆是钢件，磨损后齿侧间隙放大，对于精密传动，如分度机构精度下降，不更换新的件，难以保证加工精度。

　　对于大型蜗轮，考虑到节约材料，可以采用更换轮缘法修复。即车去磨损的轮缘，再压装一个新的轮缘，如果是更换轮缘，可以将蜗杆精车一下，切除表面疲劳点蚀和腐蚀点蚀部分，降低表面粗糙度，再根据蜗杆的现有齿形加工蜗轮的齿形。如果更换蜗杆，可根据蜗轮齿形来重新车削一根蜗杆，成对相配，保证啮合精度。

模块 3　车床典型部件的故障排除

任务 1　主轴箱故障排除

操作实习　　1. 故障一:开机时主轴不启动、切削时主轴转速自动降低或自动停机的原因和排除方法

原因 1:双向摩擦片离合器的摩擦片磨损或碎裂

当机床切削载荷超过调整好的摩擦片所传递的转矩时,摩擦片之间就会产生相对滑动现象,其表面很容易被拖研出较深的沟痕,使摩擦片表面的渗碳淬硬层被逐渐磨损直至全部磨掉,造成离合器失去应有的传递转矩的功能,影响主轴启动或正常运转。

排除方法:更新摩擦片。将严重磨损或碎裂的摩擦片更换成新的摩擦片。

原因 2:摩擦片打滑

由于摩擦片之间间隙太大,当主轴处于运转常态时,摩擦片没有完全被压紧,所以,一旦受到切削力的影响或切削力较大时,主轴就会停止正常运转,产生摩擦片打滑,造成闷车现象。

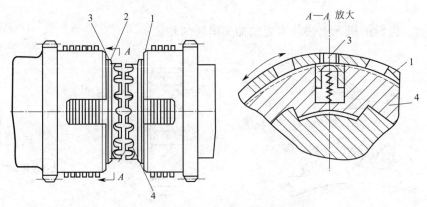

图 12-23　多片式摩擦离合器的调整
1、2—加压套;3—弹簧销;4—螺圈

排除方法:调整摩擦片间隙,增大摩擦力,使主轴正常运转。调整方法如图 12-23 所示。先用一字旋具把弹簧销 3 从加压套 1 或 2 的缺口中按下,然后转动加压套,使其相对于螺圈 4 做微量的轴向位移,即可改变摩擦片的间隙。调整后,应使弹簧销从加压套的任一缺口中弹出,以防止加压套在旋转中松脱。调整后的内、外摩擦片应间隙适当,既能保证传递额定的转矩,又不至于发生过热现象。

原因 3:主轴箱外变速手柄定位不牢靠

由于变速手柄定位弹簧过松,使定位不牢靠,当主轴受到切削力作用时,啮合齿轮可能发生轴向位移,脱离了正常啮合位置,使主轴停止转动。

排除方法:将前变速手柄拆下,调整图 12-24 所示的调整螺母,使手柄定位可靠,不易脱挡,并检查手柄定位位置与齿轮啮合状况,使其正确。

原因 4:电动机 V 带过松

V带太松或松紧不一致,使V带与带轮槽之间摩擦力明显减小,因此,当主轴受到切削力作用时,容易造成V带与带轮槽之间互相打滑,使主轴转速降低或停止转动。

排除方法:用扳手拧动电动机底板上的调整螺母,调整两带轮之间的轴线距离,或更换V带,使4根V带受力基本均匀,在运转时有足够的摩擦力。但不能使V带太紧,否则会引起电动机发热。

2. 故障二:摩擦离合器操纵手柄处于停机位置时,主轴制动不灵的原因和排除方法。

原因1:摩擦片之间的间隙过小

图 12-24 主轴箱变速手柄

当操纵手柄处于停机位置时,如果摩擦片之间的间隙过小,内外摩擦片之间就不能立即脱开,或者无法完全脱开。这时摩擦离合器传递运动转矩的效能并没有随之消失,主轴仍然继续旋转,因此,出现了停机后主轴"自转"制动不灵的现象,这样就失去了保险作用。并操纵费力。

排除方法:调整摩擦片间隙,方法同上。

原因2:制动器制动带太松或制动带断裂

制动器的操纵与双向多片式摩擦离合器的操纵是联动的。当主轴处于转动状态时,此时制动器不起作用。如果操纵手柄处于停机位置时,离合器的内、外摩擦片已经脱开,这时如果制动带在制动盘上太松或者断裂,会使制动器失去在摩擦离合器脱开时克服主轴旋转惯性的作用,主轴不能迅速地停止转动,即主轴制动不灵的"自转"现象。

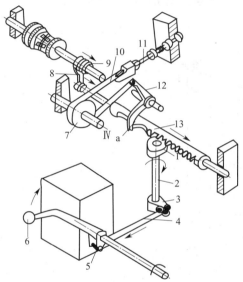

图 12-25 主轴箱主轴制动机构

1—扇形齿轮;2—轴;3—杠杆;4—连杆;
5—操纵杆;6—操纵手柄;7—制动轮;
8—拨叉;9—滑轮;10—制动带;
11—螺钉;12—制动杠杆;13—齿条轴

排除方法:调整制动带的松紧程度。方法是将图 12-25 中的螺钉 11 上的螺母松开,然后,旋转螺钉进行调整。调整后制动带在制动轮上的松紧程度应适当,即停机后,由主轴旋转的惯性所造成的"自转"应控制在原转速的1%左右。制动带不能拉得过紧,以免摩擦力太大,摩擦表面烧坏,使制动带扭曲变形。如果发现制动带断裂,则应更换新件。

原因3:齿条轴与制动器杠杆的接触位置不对

如图 12-25 所示,主轴箱内齿条轴 13 所处的轴向位置正确与否,将直接影响车床的正常运转与刹车制动。当操纵手柄 6 处于停机位置时,制动器杠杆 12 应处于齿条轴凸起部分中间。正转或反转时,杠杆应处于凸起部分左、右的凹圆弧处。如果两者位置不对,就会造成在制动状态下主轴运转。

排除方法:调整齿条轴 13 与扇形齿轮 1 的啮合位置(图 12-25)。松开轴 2 上的两个螺母(图中未画出),调整扇形齿轮 1 与轴 2 的相对位置,使齿条轴处于正确的轴向位置。

3. 故障三:主轴发热(非正常温升)使主轴箱温升过高,引起车床热变形的原因和排除方法

原因:主轴轴承间隙过小

在主轴高速运转及切削力作用下,轴承间摩擦力增加而产生摩擦热量增多,使主轴箱温度升高。

排除方法:

(1)调整主轴轴承,适当增大间隙

前端轴承的调整方法如图 12-26 所示。调整前先松开前端盖 5 的螺钉,并取下前端盖。调整时松开左端带锁紧螺钉 2 的调整螺母 1,拧动支撑右端的调整螺母 6,这时短圆柱滚子轴承 4 的内环就相对于主轴锥面向左移动,由于轴承内环很薄,而且内孔也和主轴锥孔一样,具有 1∶12 的锥度,因此,内环在轴向移动的同时产生径向弹性胀缩,从而达到调整轴承径向间隙的目的。调整后应装上前端盖 5,并用螺钉固定。并拧紧螺母和锁紧螺钉 2,轴承调整后,应检测主轴的径向圆跳动误差和轴向窜动误差。在主轴高速运转 1 h 后,轴承温度不应高于 70℃。

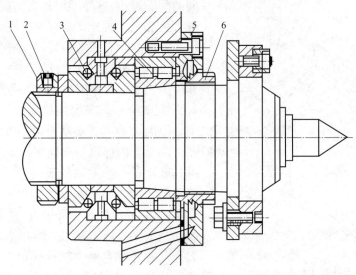

图 12-26　主轴前端轴承间隙调整
1、6—调整螺母;2—锁紧螺钉;3、4—轴承;5—前端盖

(2)主轴轴承润滑油供油量过小

由于缺少润滑油润滑造成干摩擦,使主轴发热。主轴前、后承是由油泵供油,通过油孔对轴承进行充分的润滑,并带走轴承运转时所产生的热量。

排除方法:检查润滑油供给系统,主要清洗滤油器、疏通油路,使主轴轴承得到充分润滑。

(3)主轴弯曲

在长期的全负荷车削中,主轴刚性降低,发生弯曲,传动不稳而使接触部位产生摩擦而发热。

排除方法:应尽量避免长期全负荷车削。如果主轴发生弯曲变形,应更换主轴。

任务 2　进给箱、溜板箱的故障排除

CA6140 型车床进给箱通过变换被加工螺纹的种类和导程以获得所需的各种机动进给量。进给箱能否正常工作直接影响螺纹加工精度和工件表面粗糙度。

溜板箱控制刀架运动的接通、断开和换向,实现快速移动和过载保护作用。根据 CA6140

型车床进给箱和溜板箱的结构和功能,其典型的故障除了进给箱变换变速手柄在开机时发生振动外,还会发生在车削过程中进给箱变速手柄位移和溜板箱无自动进给等故障。

1. 故障一:进给箱的变换手柄在开机时发生振动的原因和排除方法

原因1:齿轮端面与轴线的垂直度超差

排除方法:依次变换操作手柄,查清在哪一挡转速发生故障,这样就能找出有问题的齿轮端面。对于损坏的齿轮,按图12-27所示的方法检查齿轮端面与轴线的垂直度。如果超差较小,可用磨床对端面进行修磨;如果超差较大,则更换齿轮。

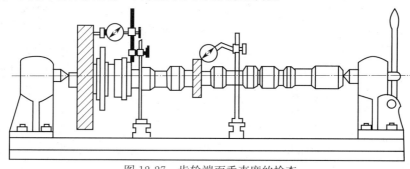

图 12-27　齿轮端面垂直度的检查

原因2:传动轴弯曲,进给箱传动轴直线度严重超差

排除方法:如果传动轴出现弯曲,首先将传动轴拆下,检查弯曲程度,若弯曲程度较小,可按图12-28所示进行校正。在校正前,应先检查轴的弯曲程度和弯曲部位,并用粉笔做好记号,矫直时把轴放在V形架上,使凸部向上,转动螺杆使压块压在凸起部位,进行校正。若弯曲程度较大,则应更换传动轴。

排除方法:如图12-29所示,将前面的调速手柄拆卸下来,拧紧调整螺钉,使变速手柄消除松动现象。若手柄定位孔磨损,可补焊后重新钻孔;若定位弹簧失去作用,则应用更换弹簧。

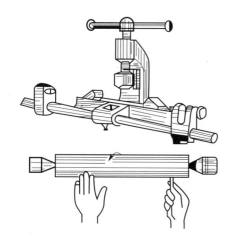
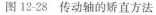

图 12-28　传动轴的矫直方法

定位钢球

弹簧　　　　　调整螺钉

图 12-29　进给箱变速手柄

2. 故障二:在车削过程中进给箱变速手柄位移的原因和排除方法

原因1:手柄定位不可靠

手柄的定位不正确或者定位弹簧失去作用,切削时引起手柄位移。

原因 2：齿轮端面与轴线垂直度严重超差

排除方法同前（见进给箱的变换手柄在开机时发生振动的原因 1 及排除方法）。

3. 故障三：溜板箱无自动进给的原因和排除方法

原因 1：安全离合器弹簧压力不足

排除方法：机床许可的最大进给力取决于弹簧调定的压力，调整方法如图 12-30 所示。用旋具将溜板箱左边的盖板打开，先用扳手松开螺母 1，然后拧紧螺母 2，通过拉杆 3 和箱内横销调整弹簧座的轴向位置，使弹簧的压力松紧程度适当，即当进给力过载时，进给运动能迅速停止即可，然后将螺母 1 锁紧。对于其他采用"脱落蜗杆"结构（图 12-31）的车床，如果溜板箱内脱落蜗杆的压力弹簧 10 太松，应用扳手拧动螺母 11，调整弹簧 10 的弹力，达到在正常切削时使用可靠，能正常传递动力进行纵、横向进给，又能在负载超过机床能力时自行脱开，停止机动进给。如果蜗杆托架上的控制板 9（又称长板）与压杆 7 的倾角磨损得太多，可以补焊控制板，并将其修圆。

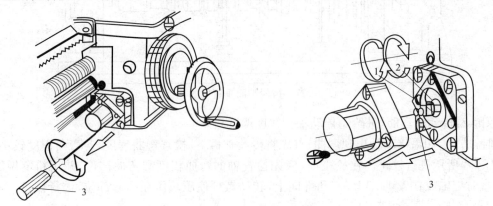

图 12-30　安全离合器的调整

1、2—螺母；3—拉杆

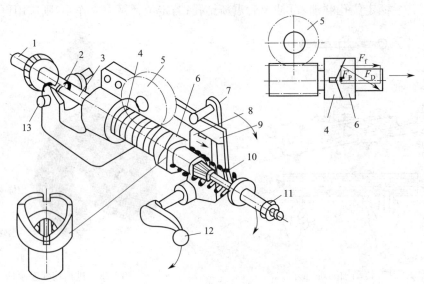

图 12-31　脱落蜗杆机构图

1—传动轴；2—万向接头；3、13—轴；4—蜗杆；5—蜗轮；6—离合器；
7—压杆；8—杠杆；9—控制板；10—弹簧；11—螺母；12—手柄

原因2：单向超越离合器星形体与长圆柱接触位置磨出沟槽

排除方法：星形体与长圆柱接触位置容易磨出沟槽，如图12-32所示，星形体的平面上磨出了凹坑。将星形体拆下来，在工具磨床上将其平面磨平。

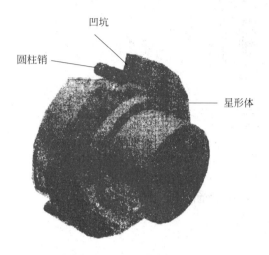

凹坑

圆柱销

星形体

图12-32　单向超越离合器星形体

原因3：光杠转向不对，单向离合器打滑

排除方法：检查主轴箱前面的加工螺纹控制手柄，正确的位置应在加工右旋螺纹的位置上。如果在左旋螺纹的位置上，则应把控制手柄打在加工右旋螺纹的位置上。

任务3　刀架与尾座故障排除

刀架用来安装车刀，并由溜板带动做纵向、横向和斜向运动。尾座用来安装顶尖，支撑较长工件，还可以安装切削刀具，如钻头、中心钻等。对刀架和尾座的功能进行分析，其典型的故障除了有刀架横向移动，手柄转动不灵活，轻重不一致外，还有用尾座配合加工孔时，出现断钻头或丝锥现象；钻孔时，尾座锁紧手柄锁紧后尾座有后移现象等。

操作实习

1. 故障一：刀架横向移动，手柄转动不灵活，轻重不一致的原因和排除方法

原因1：中滑板丝杠弯曲，产生与螺母接触不良，转动丝杠时使手柄轻重不一致。

原因2：中滑板丝杠与螺母间隙未调整好，由于左、右两半螺母间隙不一，使手柄转动时不灵活。

排除方法：将中滑板上的丝杠拆卸下来，按轴的校直方法将丝杠校直。正确调整中滑板丝杠与螺母的间隙，调整方法如图12-33所示。先拧紧螺钉4，使后螺母6固定，然后逐步拧紧楔块7的螺3，使楔块上移，依靠侧面的斜楔作用将前螺母1向左挤，以减小螺母与丝杠之间的间隙。调整后要求中滑板手柄转动灵活，正反转之间的空程量在$1/20\ r$以内。调整好后，拧紧螺钉2以固定前螺母1。

原因3：镶条接触不良使中滑板与床鞍导轨间隙调整不好，造成手柄转动不灵活。

排除方法：如图12-34所示，先将螺钉1和3松开，抽出镶条，刮研镶条与中滑板的结合面，达到规定的精度。再装好镶条和螺钉，通过拧紧或拧松螺钉调整间隙。

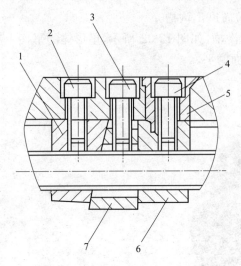

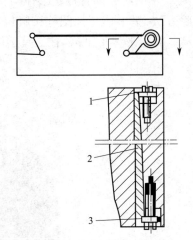

图 12-33　调整中滑板丝杠与螺母的间隙　　　　图 12-34　调整中滑板镶条
　　　　1、6—螺母；2、3、4—螺钉；　　　　　　　　　1、3—螺钉；2—镶条
　　　　5—T 形槽螺套；7—楔块

2. 故障二：用尾座配合加工孔时，出现断钻头或丝锥现象的原因和排除方法

原因：尾座套筒中心线与主轴中心线不一致。

排除方法：用贴塑法将尾座套筒中心线的高度与主轴中心线调整至等高要求。在底板的导轨面上用贴塑法贴一层塑料导轨，再刮研导轨面，达到精度要求。

3. 故障三：钻孔时，尾座锁紧手柄锁紧后尾座有后移现象的原因和排除方法

原因：尾座上下两个圆螺母在使用中调整不当。

排除方法：调整上下两圆螺母，使其两层压板得以压紧。先松开两个圆螺母中的下螺母，拧紧上螺母，当钻孔时，尾座锁紧手柄锁紧后不再出现尾座有后移现象时，再将下螺母拧紧。